谨以此书献给我的母亲

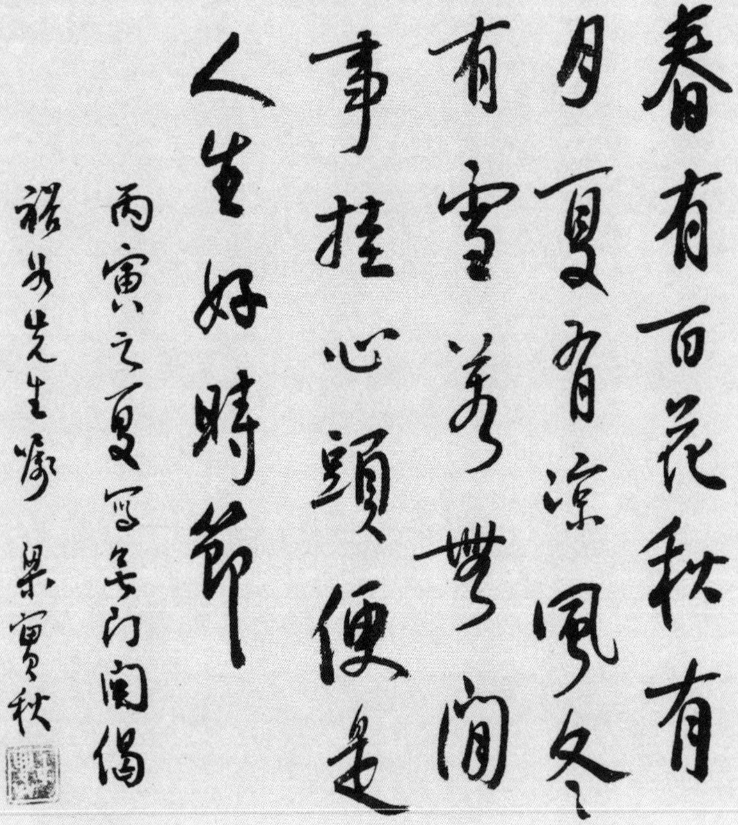
春有百花秋有
月夏有涼風冬
有雪若無閒
事掛心頭便是
人生好時節
丙寅之夏寫無門偈
祿安先生屬 梁實秋

人性觀论略

——基于梁实秋人生哲学

孙翀/著

中央民族大学出版社
China Minzu University Press

图书在版编目（CIP）数据

人性观论略：基于梁实秋人生哲学/孙翀著．—北京：中央民族大学出版社，2014.7

ISBN 978-7-5660-0731-5

Ⅰ．①人…　Ⅱ．①孙…　Ⅲ．①梁实秋（1903-1987）—人生哲学—研究 Ⅳ．①B821

中国版本图书馆 CIP 数据核字（2014）第 127267 号

人性观论略——基于梁实秋人生哲学

著　　者　孙　翀
责任编辑　张　山
封面设计　布拉格
出 版 者　中央民族大学出版社
发 行 者　新华书店
印 刷 厂　北京宏伟双华印刷有限公司
开　　本　880×1230（毫米）　1/32　印张：6
字　　数　150 千字
版　　次　2014 年 7 月第 1 版　2014 年 7 月第 1 次印刷
书　　号　ISBN 978-7-5660-0731-5
定　　价　28.00 元

前言

人性论是一切伦理的起点，一个民族的人性观，会渗透进人们的思想意识，支配人们的行为方式，对本民族的道德、社会伦理起着重大影响，因此，探讨人性论，包括中西之间不同的人性观及道德伦理是有意义的。本书基于梁实秋的人性观，梳理其内蕴儒释道思想，外依西方哲学，从“兼济天下”转至“独善其身”，终达中西逢源自我实现的人生历程。作为时代非主流人物，梁实秋人性话语的出现，呈现了20世纪中西文化荟萃在特殊历史语境下的文化现象。梁实秋人性观以古希腊哲学家亚里士多德的古典主义为圭臬，吸取美国近代新人文主义代表人物白璧德“以理制欲”思想，与中国儒家伦理道德（包括释家体悟之说、道家淡泊无为）融为一体，以“中庸”为标尺，倡导中西文化典籍所共同表达的“理性”，指出“人性”只有在规范的伦理道德中才能实现，而文学则是“人生最根本最严重的情感之完美的表现”。于是，以“古典”、“伦理”为制高点，主张文学的根本任务是伦理的涤净，文学批评的本质是价值的判断，判断的标准乃“常态的人性”，判断的尺度即距人类永恒的真善美中心的远近。

梁实秋这个名字是与鲁迅笔墨论争、“抗战无关论”、《雅舍小品》及历时37载独自译成《莎士比亚全集》四者连在一起的；尤为人称道的“雅舍”系列文集，化抽象人性为具体人性，艺术化地展现人性百态，奠定了他在中国现代文学史上独特的地位，时至今日“不见替人”。

长期以来，对梁实秋人性观立场，批判的声音高于客观的认知。事实上，与其说梁实秋服膺于西方哲学理论，毋宁说他是从与中国人有更直接血缘关系的儒家哲学出发的，正如他自己所言，“一个地道的中国人，大概就是儒释道三教合流的产物”。他不惜以偏离时代主潮选择“边缘”和“孤独”，坚守思想的独立，这对于他本人来说，“求仁得仁，又有何怨”？为此付出的代价是沉重的、长期的却也是勇敢和坚忍的，值得后人回味和反思，尽管应者寥寥。

梁实秋坚持亘古不变的人性观，秉持“独立之精神自由之思想”。其人性观概念的申辩与陈说，绝非单纯学理上的论辩，实际上也是与匡世救国热忱相连的。“雅舍精神”践行了梁实秋以中为轴融西入体的价值选择和文化立场，体现了一位知识分子在价值多元岁月动荡中信念的专诚和坚守。

毋庸讳言，梁实秋人性观在守护文学的独立性、自足性之余显得曲高和寡；其人性观建构的文学理想，亦表现出某种绝对化的静止倾向，在强调人性普遍性的同时忽略了变异性，在兴废交替剧烈动荡的历史关头与时代精神形成抵触。这些都是必须指出的。

目 录

第一章 绪论

夫辩者，将以明是非之分，审治乱之纪，明同异之处，察名实之理，处利害，决嫌疑。焉摹略万物之然，论求群言之比。

《墨子·小取》

人性，乃中外哲学关注的重要命题。事物“相灭相生、相反相成”是发展常态，在历史的长河中，人类精神文明的每一个领域似乎都能寻觅到自己的轨迹，正如对价值的发问产生了宗教，对自识的兴趣认识了人性。人们不仅想知道真实的自己，更想知道哪些东西应予保留哪些东西应予驱逐。《论语》中说“学而优则仕”（《论语·子张》），柏拉图说“哲学家才能做国王”[①]。前者将文化的目的归于政治，后者认为政治的最高阶梯是文化。在柏拉图看来，哲学王即是对人类福祉或道德上幸福与快乐所寄托条件的陈述，哲学王具备最高的知识，把握绝对的善，洞悉万物的本原，克己奉公、不为利动、适时进退。洪堡（1767—1835）说：“诗和哲学是人类的思想中最高端的东西。”在整个人类文化的发展过程中，文明层面分为器物底层、制度中层和思想文化高层，组成无法分割的三位一体。理解是为了信念，信念是为了可以理解（奥古斯丁语），我们需要从历史、现实与未来的角度审视自己，这种审视不是对事件、数据层面的关注，而是要洞悉内在的规律

---

① [古希腊]柏拉图：《理想国》，北京：商务印书馆，2002年，第473页。

与魂脉。人与动物最大的不同，是人建立了自我意识，意识到自我个体的独特存在。尽管“我”的意识仅仅是当下的那一束“知觉”（休谟语），而它却有着无穷的力量，因为人生的一切都是围绕着它而展开的。从这一角度可以说哲学的产生至关重要的原因是“自我”意识的出现。然而，自我意识导致的远远不止于生存或生活的需要，更为隐蔽、更为深刻、更为抽象、更复杂层次的“人性”于是也就出现。人们企求在诸多问题上寻找答案：自我的意义和价值、自我与他人之间合理的关系、自我与自然的关系、自我与自然的来由与归宿、生存与死亡的意义、灵魂和肉体的关系及精神的出路等。人性，即一切人所具有的特性和属性问题。

人性历来众说纷纭，但人类的自识，最终将落实到一个基准。问题是无穷的，显而易见，面对多种质疑，科学是无法给出恰当的答案的。在经济飞速发展的今天，伴随着现代工业的高速发展，人们常常用数字来衡量自己享受科学发展的物质成果，然而，在物质化的今天，文化建设仍然是民族崛起的真正途径，文化对物质主义和科学主义的发展起一定制衡作用。文化是文明的灵魂，文化是一个文明体系的大脑，支配人的神经中枢。文化是最看不见的东西，也是最起到决定性作用的东西，一如莫言在诺贝尔文学奖致辞中所言：“文学和科学比确实没有什么用处。但是它的没有用处正是它伟大的用处。”的确，这是一个辩证法，看起来无用的东西却最能滋育灵魂，无声胜有声，文化是人内心永远的渴求。社会发展史告诉我们，强国的强势奥妙在其特有的文化内核里，社会犹如生命体，文化好像生命体中的血液与水分。从这个意义上讲，每一个民族的崛起，首先都应是文化的崛起。文化是一个民族传承绵延的精神血脉，是形成民族归属感与认同感的精神纽带，是孕育民族气质品格的精神基因。人类是文化的存在，地球文明发展的一个基本事实，就是文化总是在变异和传承中向前跃迁。一切文化创造都源于解决社会人生问题的需要，一切学说都针对社会生活这个既永恒又变动的对象而提出问题解决矛盾，指引精神超越的途径。文化发展到一定阶段上，“互通”是潜在的必然，但这又不是自然的生成过程，必须经过智慧的熔铸。因此，又可以说，哲学即是反思的学问。

文学作为人类自我观照的一种方式，虽不像哲学那样深刻简明，却有着无限的涵盖量；它远比哲学敏感，大到社会历史之沧桑，小到个人刹那间的灵魂一瞬，文学迅速及时地捕捉各种信息，并传递给哲学，再由哲学结合其他学科的养料进行综合处理，从而为人类制定最高意义上的价值标准，然后渗透并影响社会生活的每一个细胞。

中外学术界提出，人类发展史上经历过三次重大自身界认：第一次是原始社会后期，人类通过成功征服自然获得了对自身能力的确认，从而迈上脱离原始的台阶，神话与史诗便是这一确认的文学反映，在希腊悲剧、中国神话中都强调了神（自然）与人之间的斗争。第二次是人类依靠科技获得改造社会的成功，从而打破了对神灵的依赖，人类再一次认识到自身的伟大，文艺复兴时期的启蒙成了这种认识的记录。第三次便是 19 世纪以来人类在对自身精神、心理、生理等各方面有了新的科学认识后，发现了自己一系列难以克服甚至不可更改的弱象，即人性的复杂。

新的自我认识打破了人类过去的狂妄与肤浅，在更接近真实的自我判认中，人类认识到必须重新确认自己。人性范畴可谓无边无际，人性归属与人性本质之辨实乃一个大题目，各种经典和论籍及注释众说纷纭。据一般规律，人之属性应是人类各种规律性行为的归纳与概括，人的行为又总是从与自然与社会与他人与自我等关系中体现出来，不是孤独的独立体，人性亦是与天性或个性密切相关的范畴。易言之，人性即站在宗教、哲学、人类学、文学、社会学、历史学、文艺学、心理学等现代学科肩膀上的一种人类综合自认。无疑，人之属性应为人之所以为人的根本所在。

因此，“人性”说到底是一个人类终极意义的问题。

梁实秋（1903—1987）是中国现代文学史上一位独具特色的文艺理论批评家、翻译家和“五四”以来最具“中国性”的现代文学家之一。他坚持古典主义文学立场，质疑“五四”新文学，在人性认识上成为 20 世纪中国文学界主流外的另类。本书以梁实秋人性观为依据，尝试沿着其人生哲学轨迹进行梳理抉发。

梁实秋（1903—1987）

梁实秋人性观，以儒学伦理人性为精神依归，以西方新人文主义人性论为理论基石，选择了向内转视角，以具有共通情感与理性的人来取代“阶级性”的人，反对阶级人性论；在“情感”与“理性”的二维之间，强调理性的支配作用，反对“浪漫主义式的情感泛滥”，主张普遍性、社会性、稳定性，排斥差异性、个体性、变动性。“文学发于人性，基于人性，亦止于人性”[①]，这是梁实秋对自己文学观的精确表述，“人性”在此成为文学活动的出发点、立足点和终止点。“人性”不仅是梁实秋文学批评的核心话语，也构成了他的哲学思想基础。对于梁实秋而言，所有的文学批判与被批判，都与“人性”这个词有密不可分的关系。值得我们思考的是，梁实秋作为新文学阵营中的一员，何以会有悖于当时大多数新文学者的选择，而取具有古典“保守”倾向的新人文主义？对其文学批评进行科学的辨析与梳理，就有必要对梁实秋这一选择的动机和必然性做出符合历史语境的阐释。

① 梁实秋：《文学的纪律》，《新月》第 1 卷第 1 期，1928 年 3 月 10 日。

梁实秋出身于北京一个书香气浓厚的大家庭，他的祖父梁芝山清末通过科举走上仕途，曾到广东做了几十年地方官，官至四品。归返北京后，在东城的勾兰胡同买下一所庭院大宅，即后来的内务部街20号。父亲梁咸熙，是其祖父从河北大兴县领养的，19岁入北京同文馆攻习英文，毕业后在京师警察厅任职，虽受过西式教育，但一生喜爱研究小学，旁及金石之学。母亲沈舜英，杭州人，18岁嫁入梁家，生育过五子六女，梁实秋排行第四。梁家有一副对联“忠厚传家久，诗书继世长”，委婉地道出了古朴的家风。这样的家庭不仅使梁实秋受到了较好的启蒙教育，也培养了他不激不随、雅健通达的个性。

梁实秋与父亲合影

1915年，梁实秋考入清华学校。在清华的八年生活，严格的校规并没有使梁实秋感到束缚，课余时间他积极组织清华文学社，担任《清华周刊》编辑，排演新戏。他交游广泛，可谓“谈笑有鸿儒，往来无白丁”，曾先后邀请梁启超（1873—1929）、徐志摩（1897—1931）、周作人（1885—1967）等到学校演讲。在清华结交的同学好友均是中国现代史上各个领域的翘楚。

1923年8月，梁实秋赴美国留学，先入科罗拉多学院攻读英美文学，期间应郭沫若（1992—1978）之邀，1924年撰写了《拜伦与浪漫主义》，体现了当时的梁实秋“感性浪漫”的文艺观。1924年夏从科罗拉多大学英文系毕业，经科罗拉多学院教务长特别推荐进哈佛大学研习。赴哈佛大学途中，在纽约与同学组织“大江会”，倡导国家主义，振兴民族精神。1924年秋—1925年，秋梁实秋在哈佛听了一年美国新人文主义者欧文·白璧德（Irving Babbitt，1865—1933）的课，至此确立了其一生的文学信念，偏离了年少时的浪漫主义倾向，踏入节制、稳健的道路。一年后转入哥伦比亚大学继续研习。

1926年夏，梁实秋结束学生生涯回国，先后在国内数所大学任教。第一所大学为南京东南大学（1949 年更名为南京大学），后转任上海暨南大学，同时兼任《时事新报》副刊。在上海期间，他与鲁迅（1881—1936）及左翼阵营展开学术论战，承白璧德平实稳健的新人文主义思想影响，以“人性论”为理论基础，开始了为建设健康的文学而奋战。论战中虽有意气之词，但总的来说，双方的文艺争鸣对于文学的本质的思考，对于阶级性与人性的探讨，对于文学的针砭和反驳等，无疑对新文学的认识和发展起到了重要作用。可以说，梁实秋的见解对于“五四”新文学是有意义的纠偏。期间梁实秋发表大量评论文章，分别出版了《浪漫的与古典的》(1927)、《骂人的艺术》(1927)、《文学的纪律》(1928)、《白璧德与人文主义》(1929)、《偏见集》(1934)、《文艺批评论》(1934)，这些文论集的出版，奠定了其古典主义的立场地位，与后来的散文《雅舍小品》，蕴着睿智，透着功力，独具风格。

在上海期间，梁实秋与胡适（1891—1962）、徐志摩等人共创新月书店，为“新月派”后期大将之一。这时的他专注于文学批评，坚持将描写与表达抽象的永恒不变的人性作为文艺观，批评鲁迅翻译外国作品的“硬译”，不同意鲁迅提倡的苏俄“文艺政策”，认为“文学无阶级”，反对把文学当作政治的工具，抵制思想统一，倡导思想自由。

1930年，梁实秋离开上海任教于青岛大学（后更名为山东大学），1934年应胡适之邀任北京大学研究教授。抗战爆发后，1938年只身南下辗转入川，积极投身抗日的文艺工作中。他不仅参与编撰了中小学教材，还负责编辑以宣传爱国抗日为宗旨的民众读物和剧本，共赴国难的心意始终未变。1940 年参加“国民参政会华北慰问团”，到前线视察慰问军民，考察当地经济、军事状况，一路风餐露宿，时有日军侵袭。有艰巨任务时，他总是主动请缨，希望在这样的实地考察工作中一方面深入了解民间疾苦，一方面为抗战尽一份力。抗战后期，他在迁到北碚的复旦大学兼课，并开始创作脍炙人口的《雅舍小品》。

抗战胜利后，梁实秋回到北平，教书谋生。1948 年冬，辗转到广州，翌年 6 月到台湾，任台湾师范学院英语系教授兼系主任等职。自是，梁实秋退回书斋，迎来了硕果累累的晚年。

给梁实秋带来终生影响的欧文·白璧德教授，是美国思想家、评论家、新人文主义文学批评运动的领袖，长期在美国哈佛大学从事比较文学研究，并创办了比较文学系，其影响遍及哲学、历史、政治、教育各个领域。1919 年的《卢梭与浪漫主义》和 1924 年的《民主与领导资格》是他最重要的著作。白璧德的妻子道拉·梅·德娄（Dora May Dred）的父母曾任职于中国天津，并在上海结婚，道拉·梅·德娄出生在中国，因而“对中国有一份特殊的偏爱”[①]。另有一说，白璧德的父亲生长在浙江宁波，使得他能够较多地了解到中国文化。白璧德知识渊博，通晓梵文、儒家典籍及老庄著作，从白璧德新人文主义构成来看，吸收了中国儒家“克己复礼”和内照反省的观点，并把它巧妙地融入西方哲学古典主义理性节制的精神中。白璧德新人文主义理论认为，科学主义与浪漫主义是现代文明的两个车轮，前一个车轮碾死了上帝，后一个车轮鼓动人的情欲的泛滥，结果就导致了整个文明的崩溃与解体，因此，新人文主义既反对进化论，也反对由科学主

---

① 见朱寿桐：《欧文·白璧德在中国现代文化建构中的宿命角色》，《外国文学评论》2003 年第 2 期。

义和浪漫主义衍生出的民主与平等，希望回归希腊的古典主义，以理性来节制人的情欲以挽救文明。白璧德尤提倡人类的负责精神，认为一个人的权利只有在其他人能负责保证这些权利得以实现的条件下才能实现，故而在索取自身权利的同时，必须负起保证他人权利得以实现的责任。白璧德的“人文主义”(humanism)将理想主义归入“人道主义”(humanitarianism)，其思想底蕴是以卢梭（1712—1778）[①]为代表的浪漫主义。

第一次世界大战前后，西方社会一方面标榜民主、进步和人道主义原则，另一方面无限制的权力欲则在国际关系中大行其道。白璧德认为浪漫主义对人的本性的“解放”就是这对矛盾的根源：“解放”一方面造就了进步主义的幻想，另一方面则鼓励了自我的恶性膨胀。从人文主义与人道主义两词的词源 humanitas 看，二者是两套相对立的“造就完善的人”的方法：以卢梭为代表的“人道主义”鼓励尽可能博大的同情心和学识，通过“解放”人而获得人的完善。一个瓶子里释放出的，可能是天使也可能是魔鬼，从一个角度看，人道主义提倡的是“四海之内皆兄弟”的博爱思想和社会、感官的解放和自由；而从另一个角度看，这种解放所造成的则可能是不加节制的迷失和混乱。相反，白璧德“人文主义”认为世界主义的博大是无法达到的虚幻，人应该通过不断的训练、挑选、砥砺与改良等“约束”的办法获得完善，或者在“解放”与“自我训练”两条路途之间保持一种平衡。梁实秋选修了白璧德所授“英国十六世纪以来的文艺批评”，这段时间的

① 卢梭，法国启蒙思想家、哲学家、教育学家和文学家。强调情感高于理智，信仰高于理性，认为在原始社会的自然状态下，人人享受“自然”的自由和平等；道德败坏是由于科学与艺术的发展；私有制的产生是不平等的根源。主张订立契约的公民社会，反对破坏“社会契约”、“蹂躏人权”、违反“自然”的专制政体，建立“最聪明的少数人”为领导的、充分体现“共同意志”的“理想王国”。提出“回到自然”的口号，顺应儿童本性，让其身心自由发展。主要作品有《民约论》、《论人类不平等的起源和基础》、《忏悔录》及小说《新哀绿绮思》、《爱弥儿》等，对以后的感伤主义和浪漫主义有极大影响。

研习，奠定了梁实秋一生的思想基础，“亲炙未久，难窥堂奥，但是他在我的思想上发生了很大的影响”。后来梁实秋回忆说，白璧德精深的思想体系，不但让他获得前所未闻的见解，而且与他自己原有的见解背道而驰；白璧德对梁实秋转向对中国传统文明的深思产生了震撼性的影响，从此，他的世界观、人生观来了一个颠覆，用他自己的话说：“从极端的浪漫主义，我转到了多少近于古典主义的立场。”①

20 世纪初中国留美学生中的梅光迪（1890—1945）、陈寅恪（1890—1969）、汤用彤（1893—1964）、吴宓（1894—1978）、胡先骕（1894—1968）、林语堂（1895—1976）、楼光来（1895—1960）等均为先于梁实秋的白璧德门下追随者，一同承接新人文主义学理脉流；而闻一多（1899—1946）、徐志摩则是在文学理论上和梁实秋同调。如果说学衡派偏重于思想意识，即道德方面倡导古典主义的话；那么，新月派则偏重于艺术创作，即在文学诗歌方面倡导古典主义。梅光迪、吴宓回国后任教于东南大学，创办了《学衡》杂志（1922），标志着以国学为支柱的学衡派诞生，也成为后世新儒家的学术滥觞。

白璧德新人文主义中的要义，是“物质之律”与“人事之律”之间的关系平衡。这两大律令的分立，亦是现代性在 20 世纪初人类文化思想界域内所表现出的科技理性与人文精神的对峙。也就是说，上述留美学子负笈海外之始，首先求索的是人类生存意义“形而上”的哲学根本问题，而不是形而下的政治之类的是是非非，故而，学衡派强调中国民族的复兴必须建立在“民族文化的基石”上，提出用中国古典的考证方法来研究西方的学术。在形式上，他们不认为有所谓新旧之分，也无中西之分，认为真正的人文主义应该相信一种普世价值，唯有弘扬民族精神，“以人格而

① 梁实秋：《关于白璧德先生及其思想》，《文学因缘》，台北：文星书店，1964 年。

升国格”，才能使灾难深重的中华民族得以“重建民族的自尊”。因此，若卸去政治判断的预设，纳入现代性历史语境的纯学术角度考察。学衡派实际上是在新文化运动揭示科学与民主的基础上，提出了一个更深层次的问题。与学衡派同认新人文主义的梁实秋，所不同的是，在接受新人文主义时能更多地领略到其现代色彩，换言之，梁实秋更能深入地理解白璧德思想的内核并能娴熟地利用其批评语言，找到一条在中国文化语言资源背景下解读白璧德思想的可行的现实路径。同时，在梁实秋这里，对白璧德新人文主义思想的融化也没有学衡派那么生硬，而是以一种非常自然的方式接近白璧德并平静地实现了自己思想上的转变。梁实秋贴切地运用古典主义批判的同时，也没有学衡派浓厚的文化遗民味道。梁实秋与学衡派的不一样还在于，他始终着眼于文学本身的论说与建构，置身于新文学的内部来评述新文学，这一点上迥异于雄心勃勃地进行哲学、文化整体构建的学衡派。进一步说，梁实秋更侧重于“人性”，认为文学所表现的就是“人性”，而人性是没有阶级之分的，人性是一种普世价值。

梁实秋的文化选择，乃一种纯文学理论的实践与实验，不像西方古典主义者那样具有强烈的文化批判品格和精神。从捍卫人文精神，对工业文明所带来的负面历史效应的警觉来审视，这一时期的古典主义思潮不但不应被忽略，而且在中国现代文学史上当给予重要席位。白璧德新人文主义没有去颂扬人性的高贵与完美，也没有说“人是万物的尺度”之类的夸张言语，他称赞人的价值与尊严，是以一种积极进取的人生态度来对待财富和享乐，坚决反对犬儒学派、怀疑论学派、苦行主义、禁欲主义和超现实主义的“无意识”行动。白璧德认为，西方自文艺复兴以来，过于强调“物的原则”而损害了“人的原则”，主张应回到人的本源立场上来，崇尚人的道德想象和人文理性，抵制功利主义，反对浪漫主义，相信伦理道德是人类行为的基础。所以，新人文主义的核心是尊重人性，理论基础是人性论，即关注人的潜能、感官和感情的欢乐和痛苦，认为最重要是人思想境界的不断提升。梁实秋接受了白璧德重秩序、稳健、理性，反偏激、冲动、非理智的主张，这种主张，跟后来国内左翼作家发生了本质上的冲突，鲁迅（1881—1936）就曾讥讽梁实秋是“白璧德的门徒”。

梁实秋（后排右三）30 年代在青岛大学

人是一种注定片面的造物，然而人之成为人，在于有战胜自身本性局限的意愿，能否达到，完全取决于能否调和自身相反德行。从文化原典来考察，中国文化以孔子的伦理人性和老子、庄子的自然人性两大流派为代表：儒家认为“仁者人也”，注重人的社会属性和道德属性，从伦理道德视野来探讨人的本性；老庄及道家则主张“夫莫之命而常自然”，强调人的自然天性，追求顺应自然规律、舒展人之本性。

在西方，自古希腊以来就有普罗塔哥拉（Protagoras，约前

490—前 420）“人性利益论”与柏拉图“理性人性论”的差别。前者认为感情欲望和利益是人的本性，道德以满足欲望为标准；后者则以理性世界为人性的来源。到底需要什么样的德行？在这个问题上，上承柏拉图观念的白璧德与中国的儒家传统命题有着很高的理论契合度，警惕过度的同情，也防范过度的选择；警惕过度的自由，也防范过度的限制。即采取一种有限制的自由以及有同情的选择，在意念上展开思考，立意于正心、诚意、节制、中庸、贤明、克己、修身等内在道德。儒家文化与白璧德新人文主义精神内涵正相吻合。所谓传统，钱钟书（1910—1998）指出：“一时期的风气经过长期而能保持，没有根本的变动，那就是传统。”又说：“传统有惰性，不肯变，而事物的演化又使它不得不以变应变，于是又产生了一个相反相成的现象。”[①]

在哈佛研习期间，梁实秋对整个近代文学批评大势略约有所了解，不再对浪漫主义像从前那样心悦诚服了，他开始用怀疑的眼光审视自己亲历的新文化运动，发现对“五四”应以“历史的透视”（historical perspective）来看待。回国后，他撰写了大量时政评论及文艺批评文章。1934 年，应施蛰存（1905—2003）之邀，梁实秋在《现代》杂志上发表了《白璧德及其人文主义》，全面介绍和评价白璧德的理论思想。这时，在梁实秋的眼中，浪漫主义的标新立异乃文艺的大敌。文中归纳了八条：一、标准的人性是完整的，需要各个部分的涵养，不要压制任何部分；二、人性各个部分的发展需要均衡，要各个部分都是和谐的；三、完整的均衡的人性要在常态的人生里去寻求。常态的人生是固定的，普遍的；四、完整均衡的标准人性也许从来没有存在过，但是在过去有些时代曾经做到差不多的地步，例如希腊的人生观、基督教的传统精神、东方的孔子和佛教等，这里面都含着足以令人效

---

① 钱钟书：《旧文四篇》，上海古籍出版社，1979 年，第 2 页。

法的东西；五、浪漫主义重情感，人文主义则信仰理性；六、人文主义异于由科学演变出来的人生观，因为人文主义者除了理性之外还要运用伦理的想象，乃是透视人生的一种直觉；七、伦理的基本原则是节制。“自然律”是完全物质的，若适用于人生则流于紊乱放浪，一方面变成定命主义的唯物论，另一方面变成浪漫主义；八、人文主义异于宗教，因为人文主义没有“禁欲”主张，也没有形式的“神学”，但有一点又同于宗教，排斥“自我的扩张”，倡导对“普遍的理性”的遵从，即宗教中所谓：humility（谦逊的）。

这八点，与其说是梁实秋的评价，不如说是梁实秋对白璧德的理解。以之为本，取己所用，在对白璧德认识的基础上，梁实秋形成克己内敛、以人为本的人生观和世界观，并终身奉行。在文艺观上，梁实秋公开申明不赞同“浪漫主义”，欣赏理性、典雅、中和。1926年《晨报副镌》上发表了梁实秋《现代中国文学之浪漫的趋势》，指责中国新文学存在浪漫主义混乱倾向，提出要在理性指引下从普遍的人性出发进行文学创作。梁实秋的哲学理念主要聚焦在文学根基于人性、文学家必须保持自由的人格、文学必须节制、理性和节制是衡量文学作品优劣的标准上，因此“人性”是一个关键词。这时期梁实秋人性观与周作人这位“五四”先行者思想颇相类，但对在创作中如何表现人性，二者看法又有不同。

周作人1918年发表了著名的《人的文学》，特别指出：“什么叫人的文学”，即以人道主义为本，对人生诸问题加以记录研究。周作人基本着眼点是人道主义，就是说，对人要有一种深切的同情心。他又提出文学有两个任务：一个是正面的任务，就是要描写一种有人道的、理想的生活，另一个是侧面的批判的任务，即批判非人的生活、兽性的生活。他用这两种方式提出来“人的文学”，事实上背后已蕴涵当时流行的达尔文主义进化观，换言之，人的进化、社会的进化是从古到今一直走向未来的趋向。这一“人道主义”影响非常大，进入 30 年代以后，从自由主义一直到左翼的各种派别，都以人道主义为本。

周作人又说：“我们承认人是一种生物，他的生活现象，与别的动物并无不同。所以我们相信人的一切生活本能，都是美的善的，应得完全满足。凡有违反人性不自然的习惯制度，都应该排除改正。”[①]这里的“人性”重在对人的自然欲望和本能的美化和崇高化，侧重于“自然人性”的自由表现，否定了外力的或理性的制约。不难发现，周作人没有对人欲的自由做出合理的界定，只指出人的神性可以自然而然地调节本能欲望。可是人欲应该控制在何种界限内才不致构成放纵？人的自然控制力就真值得完全信赖吗？人性中的邪恶因素是否也应任其发展？显然，周作人所持的是一种乐观的人性观，对自然人性的呼吁固然可以冲击传统礼教对人性的过度压抑，但若作为一种方案来实践，完全不合时宜。

梁实秋则认为，“文学发于人性，基于人性，亦止于人性”，指出人性是超阶级的，“资本家与工人他们的人性并没有什么两样，他们都感到生老病死的无常，他们都有爱的要求，他们都有伦常的观念，他们都企求身心的愉快，文学就是表现这最基本的人性的艺术”，并进一步陈述：“人性是很复杂的，（谁能说清楚人性包括的是几样成分）。为因其复杂，所以才有条理可说，情感与想象都要向理性低首，在理性指导下的人生才是健康的、常态的、普遍的；在这种状态下表现出的人性亦是最标准的。”[②]由此可看出，梁实秋人性观，一面是以想象情感为代表的“需要被控制的自我”；另一面则是以理性为代表“施加控制的自我”。前者是病态的，后者是健康的。“理性是人性的中心”，“人性之所以是固定

① 周作人：《艺术与生活》，《人的文学》，长沙：岳麓书社，1989 年。
② 梁实秋：《文学的纪律》，《新月》第 1 卷第 1 期，1928 年 3 月 10 日。

的普遍的，正以其理性的纪律为基础”。

梁实秋反对“五四”时期流行的人道主义学说，把它看作情感泛滥的结果，鲁迅与梁实秋论战的焦点就在于文学是否有阶级性。梁实秋认为“文学没有阶级的界限”，“文学是从人心中最深处发出来的声音”，“把文学的题材限于一个阶级的生活现象的范围之内，实在是把文学看得太肤浅太狭隘了。”鲁迅则坚持认为文学是有阶级性的。

毛泽东在公开场合曾两次点了梁实秋的名，一次是 1940 年初，梁实秋随“国民参政会华北慰劳视察团”欲访延安，被毛泽东点名予以拒绝，说“拥汪主和与本党参政员发生激烈冲突，如必欲前来，当飨以高梁酒玉米面”，[①]视梁实秋为最不受欢迎的人。另一次则是 1942 年 5 月在延安文艺座谈会上的讲话中，毛泽东把梁实秋作为替资产阶级文学服务的代表人物再次提了出来，并指出“只有具体的人性，没有抽象的人性。在阶级社会里就是只有带着阶级性的人性”。时隔不到三年，毛泽东再一次关注到梁实秋，其特殊影响亦可见一斑。至于公开论战的“鲁梁笔墨交锋”，更是沸沸扬扬。

时光过去了近一个世纪，抛开当时的是是非非，今天，我们以一个客观的立场来衡量，就会发现，梁实秋与鲁迅都是现代中国的文学大家，看似冤家对头，二者却有着许多共性：都有强烈的爱国心、倔强执着的个性、嬉笑怒骂皆成文章的笔力。两人的对立主要是在思想和艺术趣味上，梁实秋的思想基础是白璧德的新人文主义，反对浪漫主义和现代主义，以稳定的人性论为基础的反艺术进化论，推崇儒家孔子的温文尔雅和古希腊以来的理性秩序，对“五四”传统持批判态度；而鲁迅的思想深受尼采哲学

---

① 梁实秋：《回忆抗战时期》，《梁实秋散文》第 4 集，中国广播电视出版社，1989 年，第 216-217 页。

和托尔斯泰的人道主义的影响，执着于现代和当下，倡导进化论，推崇现代艺术意识，批判以孔子为代表的旧文化思想，是“五四”传统的开创者和维护者。鲁迅犀利，坚定，批判，可敬；梁实秋清新，淡雅，从容，可爱；鲁迅催人反思，梁实秋给人安慰；鲁迅站在时代的中心，梁实秋则领先于时代。两人各有所长，伯仲难分；仁者见仁，智者见智。

第一节 研究对象和方法

哲学与文学是互动的，从二者的关联中可深入考察梁实秋人性观及他对新人文主义的服膺与接受过程。白璧德曾说，文学批评家应特别乐于与哲学家相遭遇，哲学家已经走出了冷冰冰的抽象观念的阴影，他们已经变得文人化了。实际上，要成为最好的文学家就要先成为好的哲学家。白璧德在这里想表述的是哲学家已呈疏离价值理性趋势，应以文学化的姿态涉足于意念理性的营构，通过这种融合自身相反素质的能力来显示人性及人高于其他动物的优越本质。

梁实秋最早的书评是1922年的《〈草儿〉评论》。《草儿》是康白情（1896—1959）作于1919年的一部诗集，在当时产生过一定影响，胡适称之为“一部最重要的创作”。可是，梁实秋的观点几乎完全相反，甚至是针锋相对，他引用《草儿》里的大量诗句进行了分析，结论是《草儿》是一部失败的作品，它在20世纪20年代初中国的新诗坛上产生了恶劣影响。梁实秋试图通过评论消除这种影响，借以扫除诗坛的“鄙陋”之风。他指出，《草儿》一半算不得诗。有些只是演说词，分成行便成了诗。他尖锐地说：“《草儿》里的纪事文字太多了，占了全集大半”，“我们不能承认记事文是诗”，“《草儿》是急就的、草率的、半生不熟的”，而且“情感也不丰富，想象力当然也没有施展他最大的价值之余地。”

梁实秋和胡适的评论，都在1922年秋天所写，前后仅相差19天。胡适从新文化运动的角度对《草儿》加以肯定，梁实秋则从艺术的角度加以否定。梁实秋时年19岁，如初生牛犊猛虎下山毫不留情。从这里，我们可以感受到他青年时期的锐气和评论特点。

继《草儿》评论之后，一发不可收拾，梁实秋陆续写了众多评论。较著名的有《书评两种》：评潘光旦的《小青之分析》和徐志摩、沈性仁合璧翻译的爱尔兰作家詹姆斯·斯蒂芬斯的《玛丽·玛丽》；对徐志摩的诗文、鲁迅的文章、胡适《尝试集》的评论；中年以后写的《西莹闲话》、《独往集》、《饮膳正要》、《媛姗食谱》、《中国吃》、《现代学人散记》及《书评·七则》：《读马译〈世说新语〉》、《西方的典籍》（赫琴斯著）、《青衣·花脸·小丑》（丁秉鐩著）、《读〈烹调原理〉》（张起钧著）、《读〈文明的跃进〉》（布罗诺斯基著）、《〈书评书目〉五周年》、《读〈历史研究〉》（汤因比著）等。中年以后的评论梁实秋已没有了评《草儿》及与鲁迅论争时的年少气盛，代之而起的是平实稳健，自成一家。这里举几例以说明其特点。

《在读马译〈世说新语〉》一文里，梁实秋先简要评介了《世说新语》的价值，然后说："3卷26篇，1134条"，"写作在南朝文风炽烈之时，文笔优美，简练而隽永，涉及的事迹起于西汉止于东晋300年左右，人物达600人，内容之丰富可想而知"。进一步，梁实秋着重评论了"译"的功夫。针对有人否定美国译者马瑞志[①]的议论，梁实秋力挺并为之正名，并以自己试译不成烘托译《世说新语》之难，言译"二三十段后即知难而退"，盛赞马瑞志用20年辛苦和心血，专心一致，锲而不舍，全文照译，绝无脱漏，难能可贵，全面肯定了这位外国学者译书的难度及对传播中

① 马瑞志（Richard B. Mather），美国汉学家，生于河北保定，并在此生活了13年，其父母为清末来华传教士；他精通汉语，于1957—1976年，历时近20年完成《世说新语》的英译。

国传统文化的贡献。

在《读〈烹调原理〉》里，梁实秋写得十分有趣，说饮食是生活艺术中的重要项目，食谱应重于情趣，说该书“对烹饪一道做全盘的了解，条分缕析地作了理论说明，真所谓庖丁解牛，近于道矣”。在概括之后，梁实秋将饮食艺术化，以自己的实际体会，将北京有名的老酒楼、名菜烹调之术加以详细介绍，评得有声有色。

萧继宗的《独往集》是本杂文，梁实秋就用杂文手法评论，文章开头用“狮子和虎，在猎食的时候，都是独来独往；狐狸和犬，则往往成群结队”起笔，继而用该书作者自序中的“孤介”，“自话自说”其作品乃“不追逐时髦，不被别人牵着鼻子走，不说言不由衷的话”，评论该书作者“每一篇都有他自己的见地，不人云亦云”。

西方著作方面，梁实秋评论成果也颇丰，有《亚里士多德的〈诗学〉》、《何瑞思之〈诗的艺术〉》、《评〈沉思录〉》、《怎样读〈英国文学史〉》、《辛克莱尔的〈拜金艺术〉》、《读〈文明的跃升〉》、《读〈历史研究〉》等。亚里士多德（Aristotle，前 384—前 322）被誉为文学评论的鼻祖，其《诗学》被西方奉为圭臬；贺拉斯（Horace，又译何瑞思，前 65—8）为古罗马伟大的批评家，所著《诗艺》被誉为相当于《诗学》的批评杰作，故此，梁实秋专门介绍了两书的内容及特点，联系时代背景阐述批评理论的发展过程，指出《诗学》的主旨在于申述一个普遍的艺术原则，不在批评希腊全盛时代的那些作家。所以应把《诗学》当作艺术原理的第一部杰作，不应把《诗学》仅仅当作某一地点的产物；贺拉斯的《诗艺》对文学的批评是健全的，他的全部批评学说“泰半不悖亚里士多德”。此外，梁实秋还著有《喀赖尔的文学批评论》、《西塞罗的文学批评》、《文学批评辩》等，这些评论涉及文艺批评理论的各个领域。在多篇文艺批评之外，早在 1934 年他就出版了《文艺批评论》，这是一本介绍欧洲文艺批评的专论，联系各个时代的作者、作品，按历史顺序，阐述了西方文艺批评思想发展的情势。梁实秋从双向背逆的两极展开论析，选择“中庸”之度评论，上述成果折射了梁实秋扎实的学术功底和积极入世的一面。

1968年梁实秋夫妇与幼女一家合影

1937年，北平沦陷前日，梁实秋悲痛地对大女儿说：“孩子，明天你吃的烧饼就是亡国奴的烧饼了。”国难家仇，情何以堪？梁实秋作为爱国学人，不得不留下妻儿老小，离开北平向南出逃。梁实秋在《回忆抗战时期》一文中写道：“一九三七年七月二十八日，日寇攻占北平。数日后北大同事张忠绂先生匆匆来告：‘有熟人在侦缉队里，据称你我二人均在黑名单中，走为上策。’”[①]当时的情形很紧张，同行的还有叶公超等人，但是为安全起见，梁实秋等几个人在火车上只得佯装互不认识，终其途不发一言。“离开北平的时候我是写下遗书才走的，因为我不知道我此后命运如

① 梁实秋：《回忆抗战时期》，《梁实秋散文》第4集，第214页。

何，我将尽一分力量为国家做一点事。”[①]晚年接受丘彦明[②]采访时，梁实秋说：“个人之事曰伦理，众人之事曰政治。人处群中，焉能不问政治？故人为政治动物，不过政治与做官不同，政治是学问，做官是职业。”[③]梁实秋试图以学者的视野关照政治，注定屡屡碰壁。正如他晚年所言：“好不容易抗战胜利结束，大乱又起，避地海曲，万念俱灰。无补大局，宁愿三缄其口。”被千夫所指那段话，即 1938 年 12 月 1 日梁实秋在重庆《中央日报》主办的副刊《平明》中的发刊词：“现在中国抗战高于一切，所以有人一下笔就忘不了抗战。我的意见稍为不同。于抗战有关的材料，我们最为欢迎，但是与抗战无关的材料，只要真实流畅，也是好的，不必勉强把抗战截搭上去。至于空洞的‘抗战八股’，那是对谁都没有益处的。”这段话字面上没有任何问题，入情入理，实际上字面之后也没有什么问题，不料这段话引发了“抗战无关论”的大论战。梁实秋后来回忆说：“我根本没说过‘文艺与抗战无关’这样的话。这是左翼仁兄善于给人带帽子的惯伎……抗战前的五六年间，左翼仁兄一直在攻击我，其原因是一小撮人士假借与文学无关的力量，企图造成一种声势称霸所谓‘文坛’来‘为政治服务’。他们当然不能容忍任何人的异议。我批评过鲁迅译的《文艺政策》，我也揭露过‘普罗文学’之暴起与突落，我一贯主张思想自由，这都是遭当时某些人之大忌的。抗战军兴，我更主张一致对外，不能同情对政府一切阳奉阴违的行动，这也是招怨的另一原因。因此就有人制造了一个‘抗战无关论’的帽子送给我戴。其高潮是延安拒绝我以‘国民参政会华北慰劳观察团’团员身份

① 梁实秋：《回忆抗战时期》，《梁实秋散文》第 4 集，第 215 页。

② 丘彦明，女，时任台湾《中国时报》记者；曾任《联合报》副刊编辑、《联合文学》杂志执行编辑、总编辑。

③《“岂有文章惊海内”——答丘彦明女士问》，台北：《联合文学》，1987 年，第 3 卷 7 期。

前往访问。其实我是怀着很大的热诚希望能去实地访问。”显然，所谓“抗战无关论”并非来自梁实秋文本本身，而是来自于别人的推理。

1939 年 4 月 1 日，在接《平明》副刊 5 个月之后，梁实秋结束了他与《中央日报》的关系，在副刊上他刊出了一则简短的《梁实秋告辞》。旧话重提，不免感伤：“我不说话，不是我自认理屈，是因为我以为没有说错话。四个月的‘平明’摆在这里，其中的文章十之七八是‘我们最为欢迎’的‘于抗战有关的资料’，十之一二是我认为‘也是好的’的‘真实流畅’的‘与抗战无关的材料’。……所有误会，无须解释，自然消除。所有的批评与讨论，无须答辩，自然明朗。所有的谩骂与污蔑，并没有伤害着了我什么。”其实，摘掉政治的有色眼镜，梁实秋的那段话并没有什么阴谋，他始终是一个爱国主义的倡导者和践行者，而那段话正表现了他作为不卑不亢的现代知识分子的“自由”心声。他的创作自由论与很多自由主义者取得认同，胡适在《中国文艺复兴运动》中说，“我们希望要有自由的文学。文学这东西不能由政府来指导”。沈从文（1902—1988）和朱光潜（1897—1986）曾站出来各自为梁实秋说了些辩解的话，也卷进了轩然大波。从胡适到沈从文，从“新月派”、“论语派”到“自由人”、“第三种人”，都发出过创作自由的要求、从文学的独立性出发，从建设文学本体出发，要求解放创作主体，追求文学的超功利价值。梁实秋在 1929 年发表的《论思想统一》中这样说道：

各人有各人的遗传环境教育，所以没有两个人的思想是相同的。中国有一句老话，“人心不同，各如其面”，这话不错，一个有思想的人，是有理智力有判断力的人，他的思想是根据他的学识经验而来的，思想是独立的；随着潮流摇旗呐喊，那不是有思想的人，那是盲从的愚人。思想只对自己的理智负责，换言之，就是只对真理负责；所以武力可以杀害，刑法可以惩罚，金钱可以诱惑，但是却不能掠夺一个人的思想。别种自由可以被恶势力所剥夺净尽，唯有思想自由永远光芒万丈的。一个暴君可以用武力和金钱使得有思想的人不能发表他的思想，封书铺，封报馆，检查信件，甚而至于加以“反动”的罪名，枪毙、杀头，夷九族！但是他的思想本身是无法扑灭，并且愈遭阻碍将来流传的愈快愈远。[①]

在咀骂声中坚持己见，梁实秋坚定地认为“有许多事不能统一也不必统一，思想便是其中之一”。诚然，他人性观理念存在着矛盾与局限，其“不当之处”不在于其“反主流”特征，而在于他以娴熟的古典主义观点，却不顾新文学本身的历史特质而“专横”地给予批判，在一定程度上削弱了其理论本身的现代色彩。“一方面，他在中国现代社会动荡和现代文学变革的激流面前，独立的理论立场与独行的‘雅舍’写作，使他获得了相当的评判力，既反对文学的‘武器论’、‘工具论’以及把文学当成奢侈品的‘好奇主义’，使他既站在左翼文学的对立面，也站在为艺术而艺术派的对立面；另一方面，梁实秋持向后看的理论立场，以人性的普遍性而忽视文学的变异性，进而否认文学的时代性和新秩序的生长，他的‘古典’理念必然会同社会矛盾、民族矛盾的现实及现代人抗争奋取的精神世界发生擷牾，在忧患年代不被普遍认知的孤独和不能不受到攻击的命运，是不可避免的。”[②]尤其进入30年代后，革命阵营需要文学反映本阶级火热的斗争生活，需要文学为本阶级利益服务，从当时的形势看，需要这一特定的角度是可以理解的，但文学为政治服务，很容易使文学偏离文学正

① 梁实秋：《论思想统一》，载《新月》1929年5月第2卷第3号。

② 引自杨匡汉：《深文隐秀的梦里家园》，《雅舍文集》总序，北京：文化艺术出版社，1999年。

常发展的轨道，比如政治高于艺术、思想大于形象、主题先行、概念化、公式化等，对文学自身的发展非常不利，也限制了文学应有的活力。对于普罗文学出现的一些问题，处于激情澎湃中的普罗文学家们不可能冷静理性地思索。梁实秋从自由主义者的立场出发，看到文艺思想领域的偏激之处，指出了政治思想对文艺最初的兼并，应该说有可取的成分，但人性论视角也使他看不到左翼文学的特殊价值及时代合理性，并以人性论对抗阶级论。鉴于当时中国社会缺乏类似于西方之语境与问题意识，也决定了梁实秋的出场被视为“异类”。然而，作为一个颠沛流离的学人，在战火纷飞的年代，在阶级斗争、民族矛盾日益严重的复杂环境中，梁实秋大讲文学的普遍人性，不趋时、不附和，体现出坚守文学品格的一些追求，对普罗文学中过分强调阶级性也是个有益的补充与调节，对新文学发展过程中出现的问题也给予及时的思考与判断。他以宁静消解嘈杂，以深沉埋葬浮躁，把信念融进生命状态，坚韧战斗至生命最后一刻。

梳理梁实秋学术精神轨迹，会发现他在吸收白璧德新人文主义思想的同时，构筑了“伦理批评”的基本模式。白璧德的核心观念，即二元结构的人性论在西方哲学史上早已有之，并非白璧德首创。柏拉图在《理想国》的第七章中，有一段苏格拉底（Socrates，前469—前399）的“洞喻”之说，罗素（Bertrand Russell，1872—1970）在《西方的智慧》一书中也提到这个著名的比喻：“没有哲学思想的人就像洞穴里的囚犯，他们带着镣铐，无法转身。在他们的后面是一堆火，前面是一堵空白的墙，隔断了空空的洞穴。墙就像屏幕一样，他们从中看见了自己的影子，以及他们与火之间的东西的影子。由于无法看到别的东西，他们就认为影子是真实的。最后，有一个人抛开了枷锁，摸索着爬到了洞口。在那里，他第一次见到了阳光，阳光正照耀着真实世界的蓬勃万物。然后他又返回洞穴，对他的同伴讲述他的发现，并试图证明他们所见到的东西只不过是现实的模糊的反映，只是一个影子的世界。但是由于见到了灿烂的阳光，那个人有些头晕目眩，发现自己此时更难辨别影子了，他企图指引同伴们走向光明，可在同伴们的眼里，他似乎比以前更加愚蠢，因此要说服他们可不是一件容易的事情。”[①]这段话告诉我们，每个人都是有局限的，如同一出生就待在自己挖的一个洞穴里，我们所见的世界只不过是被阳光抛到洞穴墙壁上的影像，而我们这些洞穴的居民却把它当作是真实的世界，因为我们没有见到过其他的东西。而真实的世界却是在洞穴之外，在有太阳的地方。

书中接着说：“如果我们对哲学感到陌生，那么我们就如同这些囚犯一样。我们只看到了影子，看到了事物的外表。但是当我们懂得哲学的时候，我们就能在理智与真理的阳光下，看待外界的事物，而这就是实在。这种光芒赋予我们真理，赋予我们求知的力量，代表着善的理念。”[②]此观点表明：世界就是为观察者存在的世界，当我们观察世界的时候，世界就呈现那种样子，而真实的世界在我们观察的时候不一定就是它呈现出那种样子。于是似乎出现了一个巨大的问题，在确立“善的理念”的存在的同时，也肯定有人的灵魂中的“恶”的存在。人性由此成为善恶交融，并相互作用着的抽象存在。

其实，早在古希腊就有人性“三品”之说；柏拉图指出，和圣洁的神性相比人性是善恶交织的，人性中那些“卑劣的部分”，能激发人的情感和欲望，也会损害人性中接近于神性的部分，如美德、意志等，这可视作白璧德人性善恶二元的先声。同时，文艺复兴之后欧洲的启蒙思想家们不仅承认人性中有“恶”存在，更指出“恶”在历史上的进步作用，而不是如柏拉图的神学中所

① 罗素：《西方的智慧》，北京：世界知识出版社，2007年，第88页。
② 罗素：《西方的智慧》，第88页。

界定的那样，恶仅仅是破坏社会和人性的纯粹邪恶的力量。狄德罗（Denis Diderot，1713—1784）进一步指出，“洞穴中的内战”（civil war the cave）是人内心中的社会理性与情感欲望的冲突，问题是如何唤醒我们的灵魂去认识它，因为我们的灵魂先天的分有“善”，可以通过观察学习去获得启发，唤醒我们灵魂中本来就有的能力从而进入理性世界，或者说接近理性世界。因此，白璧德不过是沿袭了前辈哲学家们的这一说法。然而，白璧德重提人文主义不是没有道理的，随着资本主义的发展，物质生活获得了极大的提高，金钱渐渐成为支配社会活动的新权力，人与人之间的关系发生了重要变化，物质享受代替人的精神追求而成为全社会的新宠，试图运用传统的人文主义思想来对抗物质主义，自然就显得背水一战了。

尽管梁实秋看到了白璧德本人“没有任何新奇的观点”，因而“实际上是叙而不作”[①]，但这并不意味着白璧德没有现代性，也不意味着基于这样的事实，梁实秋就不会传承白璧德的思想。相反，他恰恰看中的是白璧德这一点，系统地加以借用，形成自己的批评观，以此反抗强大的主流思潮。换言之，梁实秋吸取白璧德的理论主张，目的不同于同时代人，他不是用西方文化来取代中国的传统文化，而是从西方文化中选取一种非主流的思想理论来反抗中国激进左派思潮。这种价值选择乃是对西方文化的横向移植，整合理论正是通过接引西方文化理念来激活中国传统儒家伦理思想，并力图使二者相契合，铸成思想利剑。前文已述，白璧德理论中，尤为提倡人类的负责精神，认为一个人的权利只有在其他人能负责保证这些权利得以实现的条件下才能实现，故而在索取自身权利的同时，必须负起保证他人权利得以实现的责任。这些看法与当时中国学界风行的卢梭浪漫主义、自然主义发

① 梁实秋：《关于白璧德先生及其思想》，《文学因缘》，台北：文星书店，1964 年。

生冲突，遂引起激烈论争。

中年时代的梁实秋

本书分五个部分：第一部分“绪论”，概括总结了梁实秋的人生哲学观、理论基石、代表观点、文学实践成果以及研究的意义。第二部分“异质”，从现代性视角分析论述东西方文化的异同点以及文学史上古典主义思潮的发展过程和主要特点，中国古典主义文学思潮产生的特殊性和梁实秋对古典主义文学的服膺与接受的背景。第三部分“同质”则论证梁实秋文学理论，力图展示梁实秋人性论实质，梳理梁实秋文学理想与白璧德理论的暗合及其文学批评的特点。第四部分“构成”，分析西方新人文主义思想与梁实秋内在精神的融合构建，阐释梁实秋的人性观立场在中国文坛的另类面目。第五部分“雅舍”，列举《雅舍小品》文本，论证梁实秋文学创作实则是他自己文学理论的勇敢践行，是一个成功实验、人性百态的描摹创作，为弘扬中华文明做出了独特贡献。最后部分“结语”，归纳梁实秋文学批评及文学实践及在当下中国的现实意义。

本书从哲学概念上论述梁实秋内蕴儒释道思想，外依西方新人文主义，以“人性”为根基，以儒雅为之境界，扼要言之，梁实秋将儒家的克己复礼、老庄的含藏宁静、西哲的理性节制统一在一起，体现了伦理和理性的统一，理想和现实的统一，学者和君子的统一。梁实秋最终没有像大多数“五四”青年那样将自己完全投入新潮而被裹挟，他与时代主流之间保持了相当大的心理距离。因此，从哲学的角度看，纯思维是人格的原点，黑格尔说："纯粹的、即自身普遍的人格；这样一种人格，就是思想，并且仅仅属于思维范围"[①]。他又说："个人和民族如果没有达到这种对自己的纯思维和纯认识，就未具有人格。"[②]梁实秋的笔墨论战、文学批评、散文创作、翻译活动，保持了独立精神、自由思想，正是在这一点上，使得梁实秋在大多数人失去批判意识时成为少数的思考者，为他自己留下了宝贵的自由空间，从而奠定了日后独特的贡献。

第二节　研究问题和意义

综上观之，梁实秋推崇白璧德一点都不突兀，因为他本来就是白璧德理想中的社会人。梁实秋的家庭环境、教育背景、生活经历，决定了他对大起大落、大悲大喜怀着本能的警惕，只是当初尚未接触到世界的另一面，无法为自己观念存在找到理论基石。梁实秋曾说："我向往民主，可是不喜欢群众暴行；我崇拜英雄，可是不喜欢专制独裁；我酷爱自由，可是不喜欢违法乱纪。"[③]赴美留学开拓了眼界，遇到了白璧德，激发了他血液中的文化因子，借此得以整合理论及境界提升。"白璧德的新人文主义有两个基本理念，即人和物有别，人性二元论；有三个要点，即中庸、节制、贤明；体现在文学态度上，主张以反映和表现人性为尺度衡量作品的价值，以道德为言而激世易俗"[④]。所以，梁实秋信奉白璧

① 黑格尔：《法哲学原理》，北京：商务印书馆，1961年，第45页。

② 黑格尔：《法哲学原理》，第45页。

③《"岂有文章惊海内"——答丘彦明女士问》，台北《联合文学》1987年第3卷7期。

④ 杨匡汉：《深文隐秀的梦里家园》，《雅舍文集》总序，北京：文化艺术出版社，1999年。

德，如同徐志摩、冰心（1899—1998）之崇敬泰戈尔（1861—1941），胡适膜拜杜威（John Dewey，1859—1952），均有其缘由。在如火如荼的20世纪初，风云涌动，民智开启，社会政治矛盾激化，梁实秋这时宣扬内敛和自省，注定与群情激奋的民众情绪相对立，当时需要的是砸烂打碎、大破大立，传播白壁德理论受到冷嘲热讽也就不足为奇了。

梁实秋因其“守旧”的理论主张，疏离于主流思潮，引发了一系列的论争。他对“五四新文学”及左翼“革命的文学”持质疑态度，对物欲社会及阶级论人性更持批评锋芒；他借鉴西方古典主义应用在中国的文学实践中，虽有抽离中国本土具体语境之嫌，却也起到一种文化制衡作用。关于人性，白壁德说：“对人本性善的信仰永远鼓励着人们逃避道德责任。接受责任就必然意味着付出最大的努力，人隐秘的欲望是无论如何要沿着阻力最小，或者阻力较小的道路前行。因此人们才会无休止地搪塞、躲避，才会倾向于寻找替罪羊，而这肯定是人性中最不可敬的地方。”[①] 这个世界的真正悲剧大多数不是恶人带来的，而是自以为高尚和正义的人带来的。这个世界的黑暗不全是为了恶而作恶所致，有时却是推善致恶使然。也就是说，每个人都以为对，才导致的人间各种灾难。所以提倡理性，即需要一种约束一己欲求使之合乎道德的节制力量。

梁实秋人性观，具有“五四”时期所相对缺失的冷静与清醒，其独特性表现在两个方面，一是通过文学批评，对纠正某种偏差起到一定的作用，有利于文学的健康发展；二是对物质的怀疑与对科学的反思，即使在今天仍不过时。梁实秋日后常用中国传统儒家精神来阐发西方的理性观念，以内照反省精神，抵御物欲社

① 欧文·白璧德：《卢梭与浪漫主义》，孙宜学译，石家庄：河北教育出版社，2003年，第94页。

会所有侵扰，终达明心见性的通透，人生踏上平实稳健的道路。接受白璧德的新人文主义也就是吸收了传统儒家精神，因此也就构成了梁实秋人生哲学的双重因素。诚如他自己所言：“一个道地的中国人，大概就是儒道释三教合流的产品”。[1]美国学者库利（Charles Horton Cooley 1864—1929）曾提出“镜中我”的概念，即自我是由社会建构而成的，人们总是根据想象中别人对自己的想象而行动。“镜中我”强调个人与社会之间有机的和稳定的联系。库利进一步说，问题不在于承认个人或社会哪一个处在优势，而是要考虑个人如何存在于群体之中，以及群体如何存在于个人之中，他假设“一个单独的个体是未曾经验过的抽象；同样，一个社会，当被视为与个体分离的事物时也是如此。真实是，人的生活可以从个人方面去考察，也可以从社会的，即总的方面去考察”。又指出“是日常可见的人性而不是其他什么神秘的东西形成了社会。”[2]梁实秋所阐发的人性观与之相吻合，但是，显然与中国现代历史的特殊语境格格不入。他以西方文化为主导，重估传统文化中的积极因素，积极整合中西文化相通资源，以人性观和文学实践形成个性化的表述，以独特的话语形成20世纪中国文化思潮多样形态的一个分支，因此，其本身就蕴含了丰富的阐释空间。重新审视梁实秋，在中国多重价值交汇撞击的历史文化语境里，他的出场身份独具魅力，他所面临的一切，今天依然存在。过去学界对梁实秋的研究大多聚焦于他与鲁迅的文艺论战等评述上，对其人性观未做纵深挖掘，对他人生哲学思想的阐释，其中包括给予其极大影响的中国儒、释、道思想及古希腊精神、斯多

---

①《“岂有文章惊海内”——答丘彦明女士问》，台北：《联合文学》1987年第3卷7期。

②［美］库利：《人类本性与社会秩序》，包凡一、王源译，北京：华夏出版社，1989年，第30页。

亚派[①]哲学涉及较少，即使有也是泛泛而谈，或仅以白璧德人性二元论为蓝本，忽视了马修·阿诺德（Matthew Arnold，1822—1888）[②]文化观念对他的影响。此外，梁实秋一生坚持“古典”批驳“浪漫”，在这一框架下展开的文学批评，其面目显然与西方古典主义不同，与国内学衡派为代表的中国古典主义也不同。本书限于篇幅，对此未展开深度探讨。

探讨梁实秋人性观渊源，进入其整体的思想领域，以他的人生哲学来衡量他的创作实践，展示梁实秋是他自己理想人性观的自觉而成功的实践者，这对今天的我们具有反思义。作为一个道地的中国人，一个深受中国传统文化濡染的学人，梁实秋身上沿袭了传统儒释道的因子。作为清华的留美学生，他通过白璧德理论思想的接引走进了西方文化思想视域。梁实秋受西方文化的影响是多层次、多方面的，他以理性为核心的人类道德中心思想，灵活汲取白璧德与阿诺德的思想灵魂，遵循节制精神和伦理均衡之要义，汇通中西理念，形成独具特点的人性观及稳健向上的文学追求。前文已述，梁实秋的哲学观不仅受白璧德的影响，也深受阿诺德文化观影响。阿诺德文化理念追求“美好与光明”，综合人类在美、智慧、道德、宗教等方面的修炼，达到一种和谐境界。扼要言之，在中国现代文学批评史上，白璧德和阿诺德的理论思想在中国发生过遥远的回响，这种回响是通过20世纪初中国留美学生的接受和阐发而流播中国。梁实秋建构的古典主义的文学理

① 斯多亚学派，又译斯多噶学派，古希腊哲学家芝诺约于西元前305年左右创立的哲学流派。基本主张即宇宙是绝对的理性，理性能提供“共同概念”（common notions），使人人具有共同的经验，从而形成知识、真理的标准。认为世界既是理性，人是世界理性的一部分，应该避免理智的判断受到感情方面的影响。斯多亚学派将克制、知足、平静视为美德。除强调道德价值、责任义务与正义外，亦强调砥砺心志。

② 阿诺德，英国近代诗人、教育家、评论家，写过大量文学、教育、社会问题随笔和著名的《英国民族的精神》，猛烈抨击英国生活和文化方面的地方主义、庸俗风气、功利主义，成为当时知识界的批评之声。

想，其思想资源得自于白璧德新人文主义和阿诺德的文化论，在现代中国引发过一场持久的文化思辨。这一思辨产生，亦可视为中国文化参与世界对话的前兆。白璧德和阿诺德的思想，并不是一套现存理论的单向灌输，而是一种内在的精神磨合，他们的思想从西方移植到中国，并非简单的时空变迁，而是一种“古今之争”、“中西之辩”的语境转换，其中蕴含着当时知识群体沟通中西价值观及文化选择的努力。白璧德等西方思想在中国既被接受又被抵抗的文化遭际，也可视为21世纪中国文化现代化重建的一个重要前奏。

站在生命万象的角度来看梁实秋，作为一个理论批评家、现代作家、翻译家、教育家，他整个“人生之旅”颇为完美，可以说，在中国人中活得像他那样充实、丰富、洒脱而又心安理得的成功者极其少见。他既有深厚的中国传统文化底蕴，又对西方哲学、文艺理论有深入的研究，是中国现代文学史上一位学贯中西的智者。一生40载坚守教学岗位之外，梁实秋成果备受世人瞩目。《雅舍小品》系列文集独树一格：深蕴百态世貌，简劲通脱；俯察人性诸相，机智超迈；指点人生迷津，风趣通达，深受海内外读者的喜爱。文学批评文集，也成为20世纪二三十年代中国文学批评史上不可忽视的声音，是研究“五四”新文学价值重要参考资料。

由于梁实秋本身的特殊性，对他一直存在着不同看法。其实，梁实秋既不认同当时中国共产党的新民主主义革命，同时对国民党的文化专制和独裁也不满，他强烈的民族意识和爱国思想，使之身上既有中国传统的美德，被称为“现代孔夫子”，又有浓厚的西方民主自由思想。换句话说，实际上他只是一个“独善其身”的自由主义学者。

人是一个未成品，或者距离“完美”更近，或者距离“完丑”更近，但是绝对不会等于“完美”或者“完丑”。而且，人的身上并不存在“非此即彼”，而是“亦此亦彼”，或者说，不存在“非美即丑”，而是“亦美亦丑”。在中国传统文化里面，没有一个独立于自觉修身养性之外独立存在的“丑”(恶)。孔子讲“求人而得仁”，“我欲仁，斯仁至矣。”(《论语·述而》)“为人由己，而由人乎哉。”(《论语·颜渊》) 孟子讲“求放心”(《告子上》)，也有这方面的论述：“凡性者，天之就也，不可学，不可事。礼义者，圣人之所生也，人之所学而能，所事而成也。不可学、不可事而在人者，谓之性；可学而能、可事而成之在人者，谓之伪。是性伪之分。”(《性恶篇》) 荀子以“性”、“伪”将人性划分为先天自然本性与后天社会属性，以是否“可学可事”作为具体划分标准。在人性向善的方法上，孔子主张克制忍让、遵纪守则、献身精神、集体荣誉感、对未知的求索等；孟子主张“本善”，以教化扶植和培养善的萌芽，使善性得以发扬光大；荀子则主张通过教化，限制恶的趋势，使人性之恶向善转化。马克思谈到人性的时候也曾说：“既不善，也不恶，就是人性。”[①]在《1844 年经济学哲学手稿》里，特别提到“人的异化”的问题。从马克思主义的立场来看，在资本主义社会里，个人的劳动和他所得的报酬不相等，并且人的劳动在金钱的影响下开始异化。人的个性、人本身、人文主义的一切，在资本主义社会里受到了异化。这种“人的异化”的问题，到 20 世纪七八十年代以后，陆续受到人们的重视，狄德罗则说得更清楚：“人是一种力量和软弱、光明和盲目、渺小和伟大的复合体，这并不是责难人，而是为人下定义。”也就是说，所有人其实都是天使和魔鬼的综合体，只不过是由于条件的不同，有些人的身上魔鬼的东西会表现得多一些，而另外一些人身上天使的东西会表现得多些。

① 《马克思恩格斯论艺术》，第 3 卷，北京：中国社会科学出版社，1982 年，第 511 页。

唐代政治家魏徵（580－643）说："爱憎之间，所宜详审，要爱而知其恶，憎而知其善。"（《新唐书·列传第二十二》）英国学者米尼克·塞克里坦有个形象的文学比喻亦可用来形容人性的多面："一条粗壮的绳索，它对处于任何一点上的一个静止不动的旁观者，只是直接揭示出其构成中的一股，其他股或正在消失，而另外几股则在显现。在时间的每一点上，总是有一主导趋向表现出来，有某一个运动掩蔽了其他一些运动。"他又说："乐观主义或悲剧主义，进步或反动，放纵或约束；社会的或个人的，巴罗克的或现实主义，浪漫的或古典的；所有这些思想的组成部分和审美态度不可分割地错纵交织，尽管也依次轮流地达到显著地位。其原因或是在于某个人、某个思想流派、也许还有某一时尚的作用，或者就是缘于某个强大的统治者。"[①]因此可以说，"激进"对于"保守"的批判是合理的，"保守"对于"激进"的质疑也是必要的。中国的儒家思想与西方文化的人本主义接近，孔子的哲学与亚里士多德的伦理学也颇多暗合，这两种哲学思想，可以在同一时代同一国土同一作家甚至同一作品里同时存在。在寻求体制革新与思想解放的历史大潮中，梁实秋是逆流而动的，爱国主义和民主自由是贯穿他一生的核心价值和基本立场。深入研究会发现，梁实秋的精神结构在相当程度上具有整合性和取中性的特质，即强调主体结构的稳定性与持久性，致力于将彼此不同甚至是对立冲突的多种要素纳入一个相对固定整一的秩序系统，并在此基础上对矛盾各方加以调和、整合，避免事物向极端化发展。故此，与其说梁实秋人性观有极强的生命活力，不妨说他洞悉接通"传统"与"现代"的重要性，其文学理论"是现代中国自由主义文学最早的标本"。

---

① [英]多米尼克·塞克里坦：《古典主义》："作者引言"，艾晓明译，北京：昆仑出版社，1989年。

梁实秋在芝加哥大学

1949年以后，梁实秋的论著在中国内地绝版，直到20世纪80年代中后期才重印出版，研究梁实秋的专文在20世纪90年代后逐渐升温，标签化的梁实秋在消失，真实的梁实秋浮出水面。本书论析的前提，是从现代性历史语境下来考察梁实秋人性观。时光距离梁实秋人性观论争时代过去了近百年，历史证实了他的担心。在中国现代文学史坐标上，我们有必要对他进行重新定位。

第二章　异质

周虽旧邦，其命维新。

《诗经·大雅·文王》

在本书绪论中提到的中西文化，分别指西方的理性主义和中国早期儒家思想。西方文化有两条线，一种是西绪福斯、浮士德精神，也即亚里士多德所提倡理性的以精神为主的线索，另一条线是以卢梭所提倡的张扬情感的浪漫主义线索。在中国也有两条文化的线索，一条是以孔子为代表的儒家思想（儒家内部的线索也有两条：早期的儒家；以宋明理学为内容的宋儒），一种是道家思想，道家思想特别复杂，从庄子一直到明代的李贽(1527-1602)。实际上这不是两种文化，而是文化的两个阶段或者说是两个侧面，而这两个方面是相通的，这种相通在梁实秋身上得到了很好的体现。中西文化融合的概念非常广泛，涉及多个层面。本书所要关注的问题是，梁实秋是怎么将这两条线索很好地融合，达到有机统一的。之所以能够将这两种不同源的文化统一起来，主要是因为梁实秋发现了这两种文化都有一个认识的基点，即这世上有一个恒常、共通、普遍的人性，也就是后来梁实秋一直坚持的"人性"观。正是在这种观念的统罩下，梁实秋的文学实践活动完成了融合这两种文化的"天命"。西方古典主义与中国儒家思想中存在这种共同的假设和认同，即人性是普遍和共通的，而梁实秋所理解的儒家，讲究的是一种理性的节制，即"克己复礼"思想，而西方新人文主义的思想讲究的也是这种有节制的理性，这是相通点之一。这也导致了对于梁实秋的研究，用中国的传统的思想来阐释在梁实秋身上所体现出来的西方思想影响，往往能说明问题的原因。也就是说，梁实秋在谈论古典主义的时候，欣赏的是古典主义的节制精神，认为浪漫主义讲究的是一种无节制的情感。白璧德反感卢梭，因为卢梭提倡丰沛的情感，而白璧德主张回到理智、回到节制。这种节制是用理性来节制情感，然后达到理性与情感的和谐，即以理制欲，理性就是这样一种节制的力量。

第一节　“以理节情”

以理性驾驭情感，以理性节制想象。以此为基准，白璧德说：“诚以亚里士多德者学问知识之泰斗，而孔子则道德意志之完人也。孔子尝欲以礼（即内心管束之原理）制止放纵之情欲。其所谓礼，显系意志之一端也。孔子固非神秘派之轻视理智者。然由孔子观之，理智仅附属于意志而供其驱使。二者之关系，如是而已”。[①]在白璧德看来，儒家学说与自己的“内在制约”相通恰恰在于以“礼”治“欲”。白璧德强调的是“个体的完善”与个人的“内在生活”(inner life)；与社会维度相比，更着重于个体之维度，“善与恶之间的斗争，首先不是存在于社会，而是存在于个人”，[②]“在人文主义者的眼中，对于人来说，重要的不是他作用于世界的力量，而是他作用于自己的力量”，[③]“个体的完善”就是要依靠这种“作用于自己的力量”，而非外在的律法与约束。通

---

① Irving Babbitt, Democracy and Leadership. Boston and New York:Houghton Mifflin Company, 1924. P251.

② Irving Babbitt, Democracy and Leadership. Boston and New York:Houghton Mifflin Company, 1924. P251.

③ Irving Babbitt, Literature and American College-Essays in Defense of the Humanities. Bostonand New York: Houghton Mifflin Company, 1908. P56.

过个人之意志而达于“内在制约”从而赢得“窟穴中的内战”(civil war in the cave)。以理制欲，谓之能克己，而有坚强之意志，不能以理制欲，则毫无意志可言。人之所以异于禽兽者几希，所谓几希者，即心性中之理，也就是说，以理制之“可能性”，可以理节情者，即为能克己。克己又为实践凡百道德之第一步，能常以理制欲，则能勤于省察而见事明了。梁实秋信奉新人文主义，是一种思想上的认同。在他看来，以白璧德新人文主义学说为圭臬，无非是借重来自西方的声音来增援国内日渐失势的中国传统价值体系。因此，对“以理节情”概念的反复申辩，绝非单纯学理上的论辩。

梁实秋在美国科罗拉多大学与中国同学会合影（前排右二为梁实秋，后排右二为闻一多）

古希腊西塞罗（Marcus Tullius Cicero，前 106—前 43）认为，人是唯一能感知秩序和礼节并知道如何节制行为的动物。因此能够感觉到世界的可爱、美与和谐，并且能将这种情状从感觉世界扩大到精神世界，在思想和行为中保持美和秩序，由此，思想和行为就不会变化无常、异想天开。遵循节制观念，这里有一个主导与被动的主从关系，前章已述，对梁实秋有一定影响的周作人，对人性的看法略有不同，认为“兽性与神性理性合起来便只是人性……我们所信的人类正当生活理想生活，便是这灵肉一致的生活”，[①]周作人从人性、人道主义角度对新文学的内容提出具体要求：“用人道主义为本对于人生诸问题，加以记录研究的文字，便谓之人的文学。”[②]需要指出的是，这里新文学中“人”的概念，与西方文化中的“人”的价值内涵是有区别的。在价值观层面及形式上，也有很多具体的形式要求，比如“三一律”，[③]莫里哀的戏剧严格遵守这种形式要求，以体现王权的绝对权威。但是，原古典主义存在很多问题，其中最大的问题就是制约了人性的自然发展。白璧德并不是重复古典主义，信奉古典主义也并不等于这个人很古典，在日常生活中，说某个人很古典往往旨在强调这个人很传统，其实是一种概念的偷换。白璧德的新古典主义不是莫里哀的那个古典主义，而是对原来的古典主义采取了一种扬弃姿态，这种扬弃体现在白璧德对当时流行的新浪漫主义（现代主义）的批判上，这也是白璧德提出自己的理论的最主要的目的和原因。当然，新古典主义并没有形成一种时代大潮流，某种意义上说，白璧德力图用新古典主义来阻挡现代主义，并没能挡住现代主义向后现代主义的发展。然而，白璧德作为一个学者，提出这样一个“节情”概念是有很重要的意义的，这种意义主要是文化上的意义。尽管它没有对当时美国和西欧的作家产生创作上的实质性作用，却意外地在一批中国留学生心里产生了深远的影响。白璧德学术理想可以归结为四个字，就是“以理节情”，这

① 周作人：《人的文学》，《新青年》，1918 年，第 5 卷第 6 号。

② 同上。

③ 三一律（three unities）是西方戏剧结构理论之一，是一种关于戏剧结构的规则，即事件、事件发生的时间和地点的统一。古典主义者认为，“三一律”来自亚里士多德《诗学》中提倡“戏剧的统一性”的理论。

也就是梁实秋大声呼唤的“健康的常态”的人性。这里值得指出的是，人也并不是常态的，或者说人并不是在任何时候都是常态的，比如，人在恋爱时，作家在创作时，并不完全是常态的，故此，作为文学批评家来说，他们旨在强调常态人性的普遍性。

关于“理”与“欲”，中西文化都有经典的代表理论，在中国，这种代表就是儒家思想，即所谓“原儒”思想。理是必然的规律与准则，与欲相对，即道德原则和规范；欲主要指人们的物质生活欲望。理与欲的对立，最早见于《礼记·乐记》：“人化物也者，灭天理而穷人欲者也。”理与欲是中国伦理思想史上的两个重要范畴。提倡的“以理节情”是非常合理的，但是后来儒家发生了变异，情理之间关系变得不合理。到了宋代，儒学讲到情理时，不是“节”，而是“灭”，提倡的口号是“存天理，灭人欲”（《朱子语类》卷四），禁锢了人的自由，“五四”时期所反对的，主要就是这种不合情理的宋儒思想。孔子在《论语》中表现出来的思想，在某种意义上，可以用“合理的以理节情”这几个字来概括。一方面在强调“情”的合理，另一方面又在强调“节制”，所谓“文质彬彬，然后君子”就是这个道理。由于始终在强调处于中间的那种均衡的状态，无论是外在的形式，还是内在的内容，都要求把握好“中和平衡”的尺度。梁实秋所赞赏的儒学，就是这样的原儒思想。所以，他在美国接触到了白璧德的新古典主义以后，发现与自己内心一直赞同的儒家思想非常契合，于是就毫不犹豫地接受过来，因此思想发生转变。中西两种文化都指向一个共同的思想，即“共通的普遍的人性”。中国的儒家思想，对于人与人、人与自然的关系，研究非常透彻，是一种可以永远实行的普遍的原则，因为它符合人类常态下的最基本的价值要求。比如，孔子曰：“饮食男女，人之大欲存焉。”（《礼记·礼运》）告子则分别用“性犹杞柳”、“性犹湍水”、“生之谓性”、“食色性也”四个比喻举例以明之，我们今天所认识的也还是这么一些人类最基本的东西，只是有时换了另外一个说法而已。又如："子不语乱力怪神。"（《论语·述而》）孔子从不说这些"乱力怪神"，是因为关注的始终是现实现世的人的生存问题，所以，他不去说这以外的事情，这也就是梁实秋秉承传统而强调的"实践理性精神"。当然，中国儒家精神到了宋儒以后产生了变异，这是后话。

梁实秋鲜明地指出，真假理想主义的区别在于其质的"纯正"与否，高扬理性、节制感性的柏拉图是真理想主义者，而放纵情感、扩张感性的卢梭则属于假理想主义者。其实，梁实秋早在清华时期，也就是留美以前，尽管这一时期他的思想很庞杂，但也开始思考文学的方向，他和闻一多常常共同研讨诗歌的发展趋向，明确意识到中国文学非常重要，进而发问文学研究能够提供什么？比如他在《诗的音韵》一文中，比闻一多更早地讨论了新诗中的格律问题，也就是后来"新月"格律主张的先声。当时有一首诗叫《北京电灯公司》，梁实秋对此发表评论，表示了自己的不同见解。他说，一些不雅的事物，不要入诗，一些刚刚冒出来的新事物，不要入诗，这说明梁实秋在诗的要求上，十分重视诗的形式美，流露出明显的唯美主义倾向。他说，诗就是诗，就是为了艺术。所以诗歌要写得"雅"，写得"美"，否则就不是诗；换句话说，诗要写得节制。闻一多这个时期也强调节制，他后来也一直强调，诗在写作中要遵守"节制"的原则。可以说新月诗派即是一个节制的诗派，它节制的就是"五四"时期情感泛滥的写作，其实也就是指郭沫若（1892-1978）那类诗歌。后来梁实秋专门作《现代中国文学之浪漫的趋势》一文，对当时泛滥的浪漫主义进行了抨击和抵制。他说："近年来情诗的创作在量上简直不可计算。没有一种报纸或杂志没有情诗。情诗的产生本是不期然而然的，到了后来成为习惯，成为不可少的点缀品。情诗成都市时髦，这是事实，但为什么会有这种事实呢？我们中国人的生活，最重礼法。从前圣贤以理乐治天下，几千年来，'乐'失传了，余剩的只是郑卫之音，'礼'也失掉了原来的意义，变为形式的礼节。所以中国人的生活在情感方面有偏枯的趋势。到了最近，因着外来的影响而发生所谓的新文学运动，处处要求扩张，要求解放，要求自由。到这时候，情感就如同铁笼里猛虎一般，不但把礼教的桎梏重重的打破，把监视的理性也扑倒了。这不羁的情感在人人的心里燃烧着，一两个人忍不住写一两首情诗，像星火燎原一般，顷刻间人人都在写情诗。青年人最容易启发的情感就是性的恋爱，所以新诗里面总不离恋爱的题旨。有人调查一部诗集，统计的结果，约每四首诗要'接吻'一次。若令心理分析的学者来解释，全部新诗几乎都是性态的表现了。"[①]梁实秋强调，诗歌要有"诗性"，否则就不能称之为诗，情诗的泛滥是理性的沦丧，是感情的无节制，是肆意的宣泄。他从三个方面批评浪漫主义：其一，无视"文学的本身"的特性，即是任性，文学语言和形象构型所应具备的美的质素被忽略；其二，对情感推崇过分，把情感直接当成文学本身，沦为滥情主义；其三，所追寻的理想其实是假理想主义，如空中楼阁，雾里探花。所以，梁实秋、闻一多、徐志摩及后来的林徽因，写的诗歌都非常节制，迥异于"五四"早期的诗歌。梁实秋中年以后创作的《雅舍小品》，亦是"节制"这一精神的延续。

从"人"的意义上说，中国近代社会思潮转型意味着民众生活由整体性走向个别性，通过西方现代哲学，尤其是存在主义哲学的阐释，个体的感性自由被赋予本体论的地位，同时人以群居作为自己的生活状态，其整体性与个体性本身处于一种相互影响制约的趋衡状态。如果这两者相互舍弃，就不可能在最终意义上成就对方的稳定与合法。梁实秋对浪漫主义进行尖锐的批评的同

---

① 梁实秋：《现代中国文学之浪漫的趋势》，1926 年 2 月 25 日写于美国纽约，首次发表于 1926 年 3 月 25、27、29、31 日北京《晨报•副镌》；1927 年 6 月收入《浪漫的与古典的》（评论集），上海：新月书店，1927 年。

时，强调伟大的文学亦不在表现自我，而在于表现一个伟大的人性。他这里所指的“人性”分两个层面，第一层面，相对应的是“物性”，演绎、分化后，第二层面相对应的才是“阶级性”。因此，把人当作物，即泯灭了人性，而无限制发展物性，即是过分的自然科学的进步，而没有人去适当地驾驭那些科学的成果，变成为纯粹的功利主义。人文精神的失落，也就意味着人性的泯灭，而文学正是充当起抨击罪恶、呼唤人性的角色；唯有文学家，因他们的本性和他们的素养，能够做一切民众的喉舌，道出各种民间的疾苦，对于现存的生活用各种不同的艺术的方式表现他们对于现状不满的态度。梁实秋对传统儒学的汲取，从人生实践和人生哲学两个方面得到体现。在人生实践上，梁实秋说：“人在没有死以前是要努力做人的。人是要去作的。做人的道理在于克己。早晨是否黎明即起，是否贪懒睡觉，事情虽小，其意义所关甚巨。这是每天生活斗争中之第一个回合。”[①]在梁实秋看来，为人处世的准则有如下几条：一是内向保守。外向的生活方式是不可取的，“无论如何，老于世故的人总是劝人多听少说，以耳代口，凡是不大开口的人总是令人高深莫测；口边若无遮拦，则容易令人一眼望到底。”[②]二是现实理智。以儒家忍耐和负重的积极态度面对生活，“老不必叹，更不必讳，花有开有谢，树有荣有枯”，[③]这就是儒家的“知命”。一个人要想取得成功，不但要自己努力拥有梦想，还有外在环境因素，而后者是我们所不能控制的；理智地意识到这点，依然积极乐观地去努力，不计成败，这是一种人格的完善。三是温煦深情。梁实秋对父母、朋友、故人都有极深的

---

①《玛克斯·奥瑞利阿斯——一位罗马皇帝同时是一位苦修哲学家》，《梁实秋散文》第3集，第286页。

②《谈话的艺术》，《梁实秋散文》第1集，第267页。

③《老年》，《梁实秋散文》第2集，第257页。

感情，说“父母对子女的爱，子女对父母的爱，是神圣的”。[①]

国立青岛大学文学院师生合影

梁实秋深厚的中西文化学养，和他父亲的教育和厚爱是分不开的，这在《槐园梦忆》等篇中多有论述。他对母亲怀有非常深厚的情感，尤对母亲为大家庭付出的煦育之劳深为敬佩，他回忆说：“在我的儿时记忆中，我母亲好像是没有时候睡觉。天亮就要起来。在公婆面前，儿媳妇永远是站着的，没有座位的。足足的站几个钟头下来，不是缠足的女人怕也受不了！最苦的是，公婆年纪大，不过午夜不安歇，儿媳妇要跟着熬夜在一旁侍候。她困极了，有时候回到房里来不及脱衣服倒下便睡着了。虽然如此，母亲从来没有说过一句怨言。”[②]母亲伟大的牺牲精神，对传统伦理家规的恪守，梁实秋是持肯定和景仰态度的。因此，成年之后他对发妻程季淑（1901—1974）的爱情，成就了一个传统女性温良

① 梁实秋：《想我的母亲》，《雅舍杂文》，上海人民出版社，1993 年。
② 同上。

贤淑的持家处世理想。在人生哲学上，梁实秋一贯以理节情，温文尔雅，总是将情感，包括创作控制在一种恰当的尺度上，这一点在下面将详细论述。不过，从梁实秋早年的浪漫主义文学倾向，乃至晚年与韩菁清（1931—1994）轰轰烈烈的恋爱来看，在本性上似乎又是一个热情如火、我行我素的人。因此，有评论说，他长年寄情文学艺术，强调简约克制，恐怕还是因为长期以来内外各种因素对他个人的制约，才使得他的本性与行为上出现如许的割离，从他晚年散文中展示的萧远与情采，或许才是他观遍人生后自然而然的发挥。

第二节 “精神生态”

梁实秋尤为看重“人性”所蕴含的超时空的力量，认为人性这个关键概念，联系着文学的根本性质、根本任务，文学批评的本质、标准等核心问题，故“人性是测量文学的唯一的标准”。显然，理解梁实秋人生哲学，首先要辨析其人性论内涵。在梁实秋看来，文学应力求表现“常态的人性”，真正伟大的作品，不是想入非非的信口开河，而是稳健的、近乎常态的人性表达，文学作品是否伟大，要看它所表现的人性是否深刻真实。“人性”一词，并不仅侧重于普遍的、超越性的层面，而是如亚里士多德所说，人性是二元的。亚里士多德指出人是两种法则的产物：即一个正常的、自然的、充满冲动和欲望的自我，另还有一个是人文的自我，这一自我被看作是对冲动和欲望的控制力。一个人不能任凭自己的冲动和欲望失控，必须有一种均衡的法则，不管是思想上的、行为上的、还是感情上的。正因为人性中存在着永无休止的善恶交锋，所以人才需要对冲动和欲望的自我进行克制。而以卢梭为代表的浪漫主义则坚信人性善，即使呈现恶的一面，也归因于不合理的外部社会，没有归咎于人性本身。基于此，纵容感情的自由流动，认为人只要顺乎自己的感情和愿望，可自然地达到“善”。然而，在新人文主义者看来，由于“人性二元”，所以，人并不持有道德完善的自发性和自主性。因此，人需要一种克制的力量，不断地对人性本身施以净化。梁实秋肯定节制和理性的力量，他本人也身体力行践行终身。当然，尽管他对新文学整体上的浪漫趋向持激烈批判态度，但无论精神内核还是批判框架的“西化”理论，都使得他身处新旧文化之间仍与之保持千丝万缕的联系。

文学不是单个人所固有的抽象物，在其现实性上它是一切社会关系的总和。在有等级差别的社会中不可能完全忽略人性中的阶级性，由于阶层利害关系不同，人们的思想感情也就自然打上了各自的烙印。经济地位的不同造成人的赋予程度不同，考虑问题、所喜所忧也不同，也就有了阶级之别。梁实秋人性观排斥人的自然属性，肯定人的共同社会属性，力反阶级社会的阶级属性。可以看出，持这种人性观也有其片面性，值得商榷。因为人性完全有可能既有自然属性又包括共同社会属性。梁实秋所著《文艺的无政府》①，针对原始社会所有人都是自然人，不受任何道德及法规约束的“自由”时代，他说他对这样的“自由”不赞同，指出原始的生活即是无政府的混乱，极端的放任如同极度的束缚，都是昧于人性之本色，同是不足为法。他指出世界上就没有“自由”这件东西，除了意志的自由。从这篇文章来看，这意志的自由，主要是指在符合人性的要求及社会道德伦理的要求下的人的自由。同时梁实秋提到康德（Immanuel Kant，1724—1804）关于“崇高”的分析，所谓意志自由，即否定了自由第一层含义，也就是说否定了自然人的自由，这里所谈的意志的自由，反映到文学中就是保持思想的自由。

---

① 梁实秋：《文学的纪律》，载（现代评论集），上海：新月书店，1928 年。

在《所谓“文艺政策”者》[①]中，梁实秋批评了当时出台的“文艺政策”利用政治手段来剥夺作者的思想自由，认为这种所谓的政策是一种暴虐。针对文艺和政治的关联问题，他指出：“我并不说文艺和政治没有关系，政治也是生活中所不能少的一段经验，文艺也常常表现出政治生活的背景，但这是一种自然而然的步骤。”[②]由此可见，梁实秋认为文学最重要的是要保持作者的思想自由，体现意志自由，不仅在文艺批评中坚持这一观点，在文学创作中也时刻贯彻。在文坛充满混乱的时期，梁实秋疾呼确立标准，他把文学分成两种类型：“古典的”与“浪漫的”，这与当时文坛呈多元趋势的现状似乎无法相容。

“自然人性论”以卢梭为代表，认为天然合理的人性中虽也有恶的存在，但并非人本性所属，是不合理的社会制度或矫饰的文明社会违背了人的自然本性的结果。这种自然法则理论认为，自然状态（动物所处的状态与人类文明及社会出现以前的状态）下，人本质上是好的，而“好人”被他们的社会经历所折磨和侵蚀，社会的发展导致了人类不幸的继续，所以强调人性本善、信仰高于理性、自然准则高于社会准则、主权高于人权、集体权力高于个人权力、人生而自由、个人自由大于集体自由。梁实秋人性观自然不认同这种“自然人性论”（也称“人道主义的人性论”），这一观点成了他扫射的靶子。如前所述，他蹈袭以亚里士多德为源头、以阿诺德为活水、以白璧德为标帜的人文主义的“人性论”，指出：“人性”在亚里士多德那里有一个至善至美的中心，即人生是变动的，但人生亦有其不变动者在，这一点不变动的便是“普遍性”、“永久性”，也就是“真”，亦即“理想”，这一点不变动的“普遍性”、“永久性”的人生元素，就是善，是一切源自美的事

① 梁实秋：《所谓“文艺政策”者》，上海：《新月》月刊第 3 卷第 3 期，1930 年 5 月 10 日。

② 同上。

物对宇宙间至高法则——至善的表达。因此，认定人性是普遍的，是有中心的，展现善与真，就是展现理想。若不从人性之普遍性着手，别无良法。凡普遍者，即为中庸者。中庸乃普遍正常核心的人性，是最高的美，极端的善，是人性的极致，如儒家所言："极高明而道中庸。"(《中庸·二十七章》)

这一观点亦可追溯至马修·阿诺德那里，19世纪中叶以后，西方世界物质文明的过度发展、追求随心所欲的自由导致重利、纵欲、混乱，人文精神严重匮乏。阿诺德对这种物质主义状况颇为担忧，深信唯有体现人性精神的文化理想才是解决这种混乱的有效手段。阿诺德文化理想就是追求"美好与光明"，复活古希腊的智慧、宁静、和谐及人性的全面完善。从这一角度来说，阿诺德眼中的文化理想不是僵化的精英文化，而是从属于任何阶级任何个体自我修养的需要，归根结底即是一个国家一个民族一个社会一个人最优秀的自我，也即完美的人性。具体说，阿诺德的理想人性表现为伦理与理性，伦理是指善端与德行；理性则是节制与纪律，人性在完善途中必须将道德与理智一同偕行；所谓"美好与光明"，就是通过阅读、观察、思考等手段，学习世上最优秀的智慧和思想，并使之通行天下，因此阿诺德的文化理想是超阶级论。

阿诺德认为：文化寻求消除阶级，使世界上最优秀的思想和知识传遍四海，使普天下的人都生活在美好与光明的气氛之中，使他们像文化一样，能够自由地运用思想，得到思想的滋润，却又不受其束缚。1869年阿诺德在《文化与无政府状态》一书中，用三个独特的词语将维多利亚时代的英国社会分成三个阶级：野蛮人（贵族阶级）、非利士人（中产阶级）、群氓（大众），阿诺德认为这三种人都同文化没有缘分，抨击了他们的自满、庸俗和拜金主义。在阿诺德看来，文化的功能在于培育一个有修养的中产阶级。现实中的中产阶级受功利主义浸染深，较市侩；大众总是贫困、愚昧和无奈，处在“无政府状态”及“文化”的对立面上；而高贵的野蛮人（noble savage），名义上的绅士君子，实则他们墨守成规，闭目塞听，是头脑毫无创新意识的野蛮人。因此，阿诺德倡导以美与智的文化，即通过阅读、观察和思考通向天道和神的意旨，来对抗随心所欲、我行我素的个人主义与工业文明所导致的缺乏秩序、准则和方向的无政府状态，以期实现“文化、人性整体和谐、全面发展的完美”。[①]他分析说，

梁实秋与程季淑（1926 年）

这种划分的应用有两点必须牢记于心，首先，在社会阶级的区分之下，仍存在着人性的共同基础，因此无论严格意义上属于野蛮人、中产阶级人还是大众，其实每个人身上都具有那些将我们的同胞塑造成其他阶级的倾向和激情；其次，在上述每一个阶级的内部，都有一定数量的“异族”从自己所属的阶级中脱颖，想了解最优秀的自我应是怎样的，想弄清事物之本相，他们不受其阶级精神支配，而是顺从一种普遍的“人类”精神，也就是说对人类完善的热爱，超越了固有属性而拥有了博大人性。换言之，文化正是集中体现在这一群超越阶级的文化精英身上。阿诺德将文化明确界定为世界上所思所言的最好的东西，实际上是给后世提供了一个认识文化的基本视野。这个对文化的阐释视野，体现了对人类“精神生态”的期待和关怀，其意义跨越了时空因素。

自古希腊以来，以亚里士多德《伦理学》为代表的道德人生优先原则起到了本源作用，到了德国古典哲学那里，康德则将美

① [英]马修·阿诺德：《文化与无政府状态》，韩敏中译，三联书店，2012 年。

看成道德的象征，使其成为追求人的自由与解放的道德哲学。白璧德承接了自亚里士多德、阿诺德、康德等观点并加以发展，提出了著名的“三种境界”说。人之所以为人，其高贵就在以理智控制欲念。人性的根本其实是不会变的，如果仅将“人性”作为文学批评的标准，这并没有显示梁实秋在文化传承上有什么独特之处，他与鲁迅的论争也主要体现在“人性”批评上。问题在于，梁实秋所谓“人性”乃是他理想中的人类最高境界，而这个最高境界之“人性”是极少数人创造出来的。这样的理念综合了中国儒家思想、阿诺德的理想人性和新人文主义学说，梁实秋的人生哲学观最终坚定地站在“古典主义”的制高点上，铸成他坚实的理论基石。梁实秋强调反视内心感悟世界的方式，因为足迹遍世界的人，也许无异于行尸走肉，只浅尝了些皮毛；毕生不出乡村的边界的人，也许对人生有深切的认识，因为他随时随地肯用心观察用心体贴，这就是人的内在驱动力。在中国传统哲学中，人格模式如所曰“圣人”，“圣人，人伦之至也”（《孟子·离娄上》），这种人格理想让人神往。对此，白璧德说“人是一种注定片面的造物，然而人之成为人文的，就在于他能战胜自身本性中的这个命定之事，也只取决于他所达到的调和自身相反德行的程度。”[①]换言之，一个人如果能够首先征服他自己，才会有足够的时间去征服别人和这个世界；一个人的美德的真正标志，在于能够融合自身的各种相对立的冲突，并且能够驾驭其间，而不是简单地择取一端而守之。这种调和得当自身统一彼此对立的德行的能力，显示出人性优越于其他动物的精髓所在。因此，以趋善德性为调节标准，以自我节制为调节手段，首先要解决的问题就是面对历史与现实的个人的思想和精神困境问题。

梁实秋综合上述观点，总结为三个方面：一是善恶二元的人

① [美]《人文》杂志社：《人文主义：全盘反思》，三联书店，2003年，第15页。

性论。许多现实生活的真实片断，比如幸灾乐祸不一定是某个人品行上的缺点，实在是人性某一方面的通病之一，人在内心很少有不幸灾乐祸的。一些人明白地表示出来，一些人把它藏在心里，秘而不宣，一些人很快地消除这种心理，进而表现出悲天悯人的态度。承认人性中有善有恶，人们可利用自己的理性调整，从而背对黑暗，向着光明。二是以理制欲的自我节制观。在《文学的纪律》一文中，梁实秋指出，"所谓节制的力量，就是以理性驾驭情感，以理性节制想象"，继而这种节制的目的是将人性的具体表现控制在一个合度的范围。三是中庸适度。无论是个体生存还是文学艺术，都要考察情感的质是否纯正，其量是否有度。这一种古典主义人性观，聚焦点在是否遵循了中庸之道。在梁实秋看来，只有中庸的生活态度，才是合乎德性的生活，对具体的个人来说，就是对自身的工作生活娱乐都要保持适度；对社会广大人群来说，就是对现存秩序的遵守。

白璧德新人文主义有着鲜明的时代意义，对于梁实秋来说，促成他对新人文主义心悦诚服地接受，同样也带着鲜明的时代印迹。"五四"新文化运动，作为一场具有重大历史意义的思想解放运动，人们获得了前所未有的思想自由。这是一个充满变革的时代，政府、教育、社会制度、公共伦理等等都受到震动，人们渴盼新理论新思想的出现。文学评价标准不再仅仅局限于关注大是大非问题的阐述，开始了个人感受和情绪释放的交流。然而，没有任何参照系的自由也是可怕的。梁实秋清醒地认识到这一点，人性中的理性自觉在任何时候都不能缺席，他不能容忍人的主体意识陷入混乱。他的哲学理念首先是以道德伦理为人性的指归，因为伦理道德内在于人，人在道德觉悟基础上应具自主性，其次是应具有方向感的超越性。自主性是个人主体性的核心，意味着个人的思想和行为不为外部力量或原因所左右，能够通过独立思考和理性自觉形成自己的打算和目标，从这个意义上说，自主性意味着人自由境界的实现。但是，自由境界不仅仅是对“自然本能”的抵制，在梁实秋看来，还要以道德伦理为指归的超越境界，人之内在含义，实际上就是身心健康的人，生活总是要向上走的，没人肯往下走，所以人需要焦虑，焦虑才会采取行动。“常态的人”，必须努力要有德行，始终是把道德伦理放在第一位。从这里可看出，梁实秋从中西传统文化里分别汲取德性原则在个体生存中的先在设定，中国儒家传统的先在设定，即以节制、中庸为人生的理想境界。

道家说“反者道之动”（《老子》第四十章），意为万物处在一个不断变动的过程中，当它到达极端状态时，就会发生根本性的质的变化。个体自然本性容易走向极端，人的理性就要去克制去融合，使它们不致走极端。“喜怒哀乐之未发，谓之中；发而皆中节，谓之和。中也者，天下之大本也；和也者，天下之达道也。致中和，天地位焉，万物育焉。”（《论语·中庸》）只有保持中和平衡，不管个人还是社会，才会处于一个良好和谐的运行状态。从另一视角来说，中国传统美学核心“中和之美”，与西方古典主义审美观念“美在和谐”相契。但是，与西方文化传统不同的是，中国传统的“和”，有着更为深厚的伦理道德背景，例如儒家经典《诗经》，不是对诗歌创作与审美实践的理论总结，而是在伦理道德原则下的载体性阐释，因此，在自由的审美感受的背后，深匿着趋善的道德理性原则。“善”统摄一切教化，审美也包括在内，这种审美本身就明显地蕴含理性自觉，因此，从个人修养、艺术创作或审美标准来说，都有着一系列潜在的社会和伦理道德价值，“常态人性”提供了一种生命向度。反过来看，强调对传统哲学的超越，似乎也强化了当代哲学与传统哲学的断裂，实际上又疏离了传统哲学形而上形态的内在关联。因此，对于人的自由自觉的生命活动的理论阐释与批评活动，是关于人生存的根本理论，要求把经验的、感性的生活作为哲学活动的直接出发点，超越生存的流俗性和实存性，自觉地把人的生存看成是一种既超越于一般存在物，又与传统文化及周围世界关联着的意义性存在。人与自然界其他动物的根本区别，就在于人具有能动性，会思维、会考虑自身的生存意义和对周围世界的价值归宿。传统儒家哲学认识到生存本体，其特征在于将经验性的理性和道德原则客观化、抽象化而成为一种德性形而上学，德性衍化为抽象性本体论构架。

梁实秋对德性人生的思考是从“人性”问题的探讨来感受和承接中西精神和文化领域脉流的。活力和诚实是人最重要和最见成果的品质，一个以诚实和活力为特征的人首先要求的是自由，全然摆脱一切权威、指令和惯例，充分享有纵横驰骋的广阔天地，人有了诚实和活力，就能脚踏实地勤恳努力从事一切工作，有了自由就可以从心所欲于自己热爱的事业，只有这样的“自由人”才会有所建树。联系人生观、文学观、审美观和文化观，梁实秋提出，文学的目的是在借宇宙自然人生之种种现象来表现出普遍固定之人性。对于他来说，人性意味着对人内涵的特殊强调，也就是康德在《什么是启蒙运动》[①]中所说，人的历史是从自然状态向精神与理性时代演进的历史。启蒙运动提倡大胆运用理性的自由，是作为学术范畴公开运用理性的自由，不是作为职务范畴有私下运用理性的自由，即一个人在作为共同体某一机器中的一员，其自由要保持消极状态（收敛理性在私下的运用）；而在作为整个共同体的福祉和世界公民社会公共目的中一个成员，其自由要处于积极状态（踊跃于公开运用自己理性的自由），康德在这里将判断力作为知性与理性的联结，也就是说“人的自觉”首先是个人有一种理性地把握生命本质的愿望，同时，对生命外围的环境也有清晰的了解，而不是将自己所处的世界看成神秘无比的东

① [德] 康德：《什么是启蒙运动》，载《历史理性批判文集》，何兆武译，北京，商务印书馆，1991 年。

西。其次，要求人的“成熟”，脱离康德的《什么是启蒙运动》中所说的“不成熟状态”。席勒（Johann Christoph Friedrich von Schiller，1759—1805）在《审美教育书简》[①]一书中，则将“游戏冲动”作为感性冲动与理性冲动的联结，放进更为广阔的现代性历史进程之中来理解；他的人性观及美学体系与康德哲学存在紧密的联系。席勒认为，人类发展的道路是从被感性支配的自然状态走向精神能控制物质的理性状态。两者都是用自由与理性作为向道德高度过渡的桥梁，也就是说，席勒的美学体系里各种美学范畴的划分，都是建立在对人性的理解之上，通过审美的手段达到恢复完整的人性，实现人的“游戏冲动”。他们的这种理论在梁实秋这里得到部分发扬，理性虽然与感性欲望相对立，但是两者并不处于同等地位，前者起着统治作用。按梁实秋观点，古典主义所注重的是艺术的健康，要做到这个地步，必须有一个制裁的总枢纽，那便是理性。学会运用理性，就是知道理性除了精神性，还有制度性、伦理性和政治性。理性若没有历史，没有传承，没有义务和责任实践上的辨析，人类又何来自由可言？这里所言“自由”，是两分的，有消极的自由和积极的自由，而理性的运用也有消极的和积极的两分类。首先，厘清职务活动和学术活动是两分的，一个人只能有学术自由（公开地运用理性的自由），不能有职务自由（对上级命令私下运用理性的自由）；其次，人性还有天职，不仅只是传达别人的委托，还有扩大自己的认识、清除错误的天职。因此，康德指出，一个时代绝不能使自己负有义务并从而发誓，要把后来的时代置于一种绝没有可能扩大自己的认识、清除错误以及一般地在启蒙中继续进步的状态之中。所以政府、监护人的职责是既把人作为机器的一部分，也要按照人的尊严，不单是看护消极自由，对“臣民实行精神专制主义”，更应是“防

① [德]席勒：《审美教育书简》，冯至、范大灿译，上海人民出版社，2003 年。

范任何人以强力妨碍别人根据自己的全部才能去做出决定”[①]的积极自由。

第三节 “三境界”

白璧德的“人生三境界”，是建立在神、人、物三境界之间的一种人性观，根据人性善恶二元论的观点，他提出“自然的”、“超自然的”和“人文的”三种生活方式的观点。其中“自然的”和“超自然的”两种生活方式分别对应了对人性中的恶与善的两种现实态度或主张。面对西方社会物欲泛滥、道德沦丧之危机，白璧德并没主张诉诸宗教和神，而是试图从人性完善上来寻求济世良方。在白璧德看来，所谓“自然的人性”乃健康的人所不应为，而超自然的人性，常人又难以为之。怎样才能够确立起一种健康有益而且切实可行的人生标准，这正是白璧德的人文主义的人性论所要解决的问题之所在。换言之，怎样来对应自然的、人性的、宗教的这三种层面：“自然的生活”，是人所不能缺少的，但不应过分扩展；“人性的生活”，是应该时时刻刻努力保持着的；“宗教生活”则最高尚，但亦不可勉强企求。白璧德没有抽象地去描述人文主义的人性论，他指出，人文主义的人性观及那些记载各时代的楷模们所奉行的信条、信念以及他们的现实行止本来就历史地存在于那些古代典籍之中，而不是个人凭空想象出来的。

梁实秋继承了这一理论思想，他说：“白璧德的基本思想是与古典的人文主义相呼应的新人文主义。他强调人生三境界，而人之所以为人在于他有内心的理性控制，不令感情横决。这就是他念念不忘的人性二元论。中庸所谓‘天命之谓性，率性之谓道，修道之谓教’，孔子所说‘克己复礼’，正是白璧德乐于引证的道

① [德]康德：《什么是启蒙运动》，何兆武译，北京，商务印书馆，1991 年。

理。他重视的不是elan vital（创造力），而是elan frein（克制力）。一个人的道德价值，不在于他做了多少事，而在于有多少事他没有做。白璧德并不说教，他没有教条，他只是坚持一个态度——健康与尊严的态度。”[①]所以，一个人如果想保持稳健正确，必须保持统一性与多样性之间的极好平衡，有时候应该注意与绝对存在的联系，遵循这种真知灼见所带来的更高标准，有时候则应该明白自身不过是大自然永恒存在和相对性中的转瞬即逝的一瞬而已。因此，在人性中，理性与欲望不断地发生冲突：曾经有一个“自然人”存在，后来这个“自然人”身上又进去了一个“不自然”的人，接着在洞穴中发生了一场延续了一生的内战。这场旷日持久的冲突即“窟穴中的内战”，被喻为与生俱来的原始的内心矛盾。

白璧德教授

白璧德是一个视人性论为中心的新人文主义者，他把社会的、政治的、精神的问题都归结到人性问题，总结为“善恶争斗”这一伦理学问题，而与白璧德的二元人性论相对应的卢梭的近代自然人性论，则以人性善一元论为基础，强调清除罪恶就必须摧毁一切压制自然人性和情感欲望的束缚，肯定人的感情欲求与自然本性的合理性。善恶二元人性论当然否定了自在的一元论，强调一种积极自为的向善生活。追溯人文主义传统的根基——古希腊

① 梁实秋：《影响我的几本书》，《雅舍散文》，台北：九歌出版社，1985年，第125页。

人性观，将人性善恶这个综合体放在一个求真求知的框架下加以衡量、比较和定位，使得人类作为一个物种——万物灵长的价值得以充分呈现，不但格局阔大，而且气象万千。换言之，人既有欲望“兽性”的一面，同时又有理性“人性”的一面，人之善恶全在乎自我意志的选择。“人性”积极控制则战胜“兽性”，趋向善；反之，“人性”被“兽性”所征服，就趋向恶。一条是稳健的大道，一条是极端的小道，于是，亚里士多德在定义“人”这个概念时，称之为“理性的动物”；康德则进一步说，只有神是绝对的完善，人都是非绝对的善。然而，近代自然人性论以“性善“为核心，故对“窟穴中的内战”（理性与欲望的对立斗争）予以坚决的否定。他们不但坚守人性生来就是善的观点，而且，认为人的感性冲动和欲望须得到满足，制衡的力量会阻碍这种人性的自由发展，于是“良心”成为一种本能，最终成为一般意义上的道德。这样一种人性原则，其道德学说未免缺失内部制约力量，失去了外部规范约束的合理性。如此，自我欲望、感性冲动不但被认为是正常的欲求，而且是唯一正确的欲求，引导人们由反对理性主义而走上了反对理性乃至一切规范制约力量的路径。由此，近代以来对理性与非理性的探索，是人对自身认识深入的结果，是全面认识自身的必然。事实上，任何有责任感的人都不能一概否定理性，也不能全然颂扬感性欲望，这是问题的关键。

在西方承袭了自然人性论的还有法国哲学家柏格森（Henri Bergson，1859—1941）、德国哲学家尼采（Friedrich Wilhelm Nietzsche，1844—1900）等，他们否定理性，鼓励人们按照感性欲求行动。柏格森在他著名哲学论著《创造进化论》（1905）中，对直觉进行了深入的讨论，认为直觉由于能直接进入现实，因而是知识的较高级形式。尼采则在1886年出版的《善恶的彼岸：未来哲学的序曲》一书里，用力量意志（the will to power）来解释人类的行为，定义哲学应具备想象力、自我主张、危险、创意以及价值的创造等条件，其他的都被认为是附带的条件，否定人类世上存在着一套普世的道德。人性论是伦理学的总原则，是事实如何的学说，为人的行为选择，无论是西方还是东方，一流知识精英们所讨论的问题，已超越救亡和启蒙层次，具超越具体利益，尤其是民族国家利益之外的一种宏大的关乎人类的理想性思考。

中国传统儒家哲学对伦理学的重视，使其不可能避开这一终极关怀问题，正如轴心时代的人物孔子，创造性地将现实转化为理想，将封建礼仪提升为普世伦理，将血缘亲谊转化为仁道王政，将分封的控御体制转化为大同的天下。孔子没有明确的人性理论，却有一句名言："性相近也，习相远也。"（《论语·阳货》）之后众多中国思想者们，特别是儒家学派的继承者们对人性进行了深入探究，人性问题成为儒家思想体系的重要组成部分。无论是孟子的性善论，荀子的性恶论，还是告子的性无善无恶论，派别虽不同，都与二元人性论有着内在的关联。儒家的人性观从建立之初就与"仁"紧密联系在一起，其宗旨乃为实现人的道德修养、自我完善服务，故而，儒家的人性观对人的欲望、弱点，或加以否定，或加以限制，均以道德理性为旨，敦促人性趋向完善，感性欲望向理性升华，进而实现天、地、人三位一体的和谐。

梁实秋借助中西古典道德理想主义，将人文精神限定在伦理层面，企图用中西传统文化中的整体精神来纠正弥补人性不足，以此重塑道德理想，这样既不妨碍个人自由，又可建立民主政治。具体言之，梁实秋将人性欲望所表现出来的"恶"的一面也称之为"兽性"，指出人本来也是兽，所以常有兽性；人有兽性同时也有人性，人是情欲与理智的综合体，所谓"文学发于人性"[①]是指与兽性相对的人性，不包括"兽性"，也就是说不包括人的自然属性，他这里的"人性"指人的一部分，而不是人的全部。因而，

① 梁实秋：《文学的纪律》，《新月》第1卷第1期，1928年3月10日。

文学应该仅仅去表现这一部分而非全部，这是梁实秋排斥卢梭浪漫主义的根本所在。在梁实秋看来，卢梭浪漫主义是消极的人生观，完全放弃了社会责任。从理论上说，一般认为“自然人性论”是浪漫主义文学的哲学基础和主要特征，自然人性论也就是人们通常理解的人道主义人性论，是在文艺复兴时期提出来的，以人性本善的一元论为基础，强调清除罪恶就必须摧毁束缚压制自然人性和情感欲望的上层建筑与意识形态，从而肯定人的感情欲求与自然本性的合理。而自然人性论到了梁实秋这里，则被考量为“与自然同化”，是“变态的”，用“人性”这把尺子置“自然人性”于“常态”下位移。也就是说，他的人性观更多地是强调人的社会属性、人的积极进取的一面，抵制颓废和消极。由此可知，在反对自然人性论（包括阶级论）的同时，梁实秋强调社会性、共同性，排斥个体性、差异性；把人性看成是文学表现的唯一的对象和目的，并进行了充分阐述，“伟大的文学亦不在表现自我，而在表现一个普遍的人性”，[①]人不是仅为了生存活着，而且要不断阐释旧事物，提升平凡与伧俗，进入更高的境界。“常态的人性”是人人应该具有的，而这种伦常是属于人的社会属性而非自然属性。其实，也就是说人性的共同社会属性是什么。换言之，善恶二元人性论反对任何决定论或者简单化的人性观，反对将人的自然属性归于人性，也排斥社会属性中的阶级性，重视人性中共同的社会性，因此，梁实秋强调社会和传统借助某种精神力量对个体施加控制。

自然人性论和浪漫主义突出的则是个人对外在秩序及既定规范的否定和超越，与其新人文主义思想正好是背道而驰。有时，一定时期，人们为了说清观点并使之占据主导地位，另一种思想

---

① 梁实秋：《现代中国文学之浪漫的趋势》，1926年3月25、27、29、31日《晨报·副镌》。

路径则将处于次要地位，评论者在某些情况下为了宣扬自己的理论，多少有些违背客观公正的原则之处。我们回头看梁实秋人性观，注意到其模式似乎只看到个性与普遍性对立的一面，否认了两者统一的可能性，他所说的普遍性实际上就是白璧德所谓人性中的理性；他所理解的普遍性实际上是脱离主体的客体普遍性，而不是浪漫主义个性主体的普遍性。正是在这样的思想指引下，梁实秋一生对浪漫主义进行了尖锐的批评。而且，梁实秋也多少忽略了因经济的悬殊而造成的人的世界观和价值观不同这一事实，否认并不代表其不存在，并且会以一种合适的方式存在以蓄积力量。正是由于过分重视普遍性而忽视个性，追求脱离情感的理智，远离主体情感的客体理性，因而梁实秋人性观未免带有抽象存在之嫌，这往往也成为许多批评家诟病的一个原因。

梁实秋人性论的局限性，对此他自己也坦承："我对于人性解释不够清楚，自己的认识不够彻底，也都是事实。"[①]然而，实际上他的人性观体现了鲜明的人本主义的精神，在本质上已接近了现代人文精神的基本内涵。他以转身内视的眼光，对"三境界"进行了这样的概括："白璧德先生常说，人生有三种境界：一是自然的境界，在这境界上人与禽兽没有多大分别；二是人性的境界，在这境界上人不仅是以肉体的满足为目的，还意识到道德的价值（moral values），有理想，有节制；三是宗教的境界，在这境界上人是超凡入圣了。白璧德的人文主义便是处在中间境界的一种持中的人生观。在纯粹理想主义者看来，他是现实主义者；但是在极端的现实主义者看来，他又是一个理想主义者了。"[②]他接着说："大凡人生有三种境界：自然的，人性的，宗教的。在自然的境界里，人与禽兽所异几希，饮食男女是其主要，这是最低级也

①《梁实秋论文学·序》，台湾：时报出版公司，1978年。

②梁实秋：《关于白璧德先生及其思想》，《文学因缘》，台北：文星书店，1964年。

是最基本的生活。在人性的境界里，情欲受理智的驾驭，是非善恶美丑有所区别。在宗教的境界里，所经历的是精神生活，可以说是超凡入圣。文学家和一般有教养的人，大概是停留在第二种境界里，间或有少数根器较深或经验较多的人可进入到宗教的境界里。”[①]因此，梁实秋说“最好的文学作品无不以发扬人性为指归……在纯自然界中的人比禽兽高贵不了多少。人在超越了自然境界的时候，运用理智与毅力控制他的本能与情感，这才显露人性的光辉。”[②]人之所以为人是因为具有理性克制的力量，理智是人的根本属性。人的真实与生活的真实，不是取决于人的情欲，而是取决于人的理智。他归纳白璧德的新人文主义，就是要“察人物之别，严人禽之辨”。[③]20世纪初中国闭关自守的大门开启，西方学说纷纷涌入，卢梭的自然人性论、叔本华和尼采及亨利·柏格森的非理性生命哲学，成为一部分学人的人生观，甚至成为他们文学主张的指导原则和文学作品的重要内容。认为只有通过直觉才能体验和把握到生命存在的“绵延”，向理想主义敞开广阔无边的空间领域。从这个视角追问，也可以说，在人类事业中，情感是原动力，而理智则有时是制动器，有时是执行者；或者说，情感提供原材料，理智则做出取舍，进行加工。因为世上决不存在单凭理智就能够成就的事业，理性有时也只能把握相对的运动和实在的表皮，不能把握绝对的运动和实在本身。然而，自然人性论与新人文主义不合，与中国传统哲学思想相悖，这也正是梁实秋难以容忍的原因，在他眼里这是一个沉重的历史包袱，不应扼住“合乎理性的生活”的咽喉，因此借助对自然人性论的批评，对浪漫主义进行了彻底的清算，最终得出了“人性是普遍的”结论。同时，他指出不能狭隘地以当前的政治形势为对象，而要对

① 梁实秋：《关于白璧德先生及其思想》，《文学因缘》，台北：文星书店，1964年
② 梁实秋：《梁实秋论文学》，台北，时报文化出版公司，1981年，第8页。
③ 梁实秋：《“新月”前后》，台北：《联合报》副刊，1977年10月4日。

实际人生进行深刻地观察解剖；文学不是政治经济的附属物，它可以政治为题材和对象，但首先它自身是独立存在的，所以，文学不应是时代的传声筒、广告，它的题材是广阔的，描写的是整个人生、世界。

对现代西方文学有深刻影响的弗洛伊德（Sigmund Freud，1856—1939），在认识论上强调非理性的内心体验、直觉洞察，在认识真理的道路上尝试向内部世界探索，他的本我、自我、超我的划分，与“三境界”说有异曲同工之处。他认为，最基本的层次的本我（id），处于心灵最底层，是一种与生俱来的动物性的本能冲动，它是混乱的、毫无理性的，只知按照快乐原则（pleasure principle）行事，盲目地追求满足；中间一层的自我（ego），是从本我中分化出来，受现实陶冶而渐识时务的一部分；“自我”充当“本我”与外部世界的联络者与仲裁者，并且在“超我”的指导下监管“本我”的活动，它是一种能根据周围环境的实际条件来调节“本我”和“超我”的矛盾、决定自己行为方式的意识，代表的是理性或正确的判断，它按照现实原则行动，既要获得满足，又要避免痛苦。最上面一层的“超我”（super ego），即能进行自我批判和道德控制的理想化了的“自我”，它主要包括两个方面：一方面是平常人们所说的良心，代表着社会道德对个人的惩罚和规范作用，另一方面是理想自我，确定道德行为的标准，“超我”的主要职责是指导“自我”以道德良心自居，去限制、压抑“本我”的本能冲动，按“至善”原则活动。因此，这与二元人性论正好形成对话。“本我”代表人类自身欲望，是没有理性的，缺乏约束的，而“自我”、“超我”将欲望置于理性的控制之下，如此，人才能成为“人”，否则，只能与动物相提并论。

进一步论，按马丁·布伯（Martin Buber，1878—1965）的理论，有“我—你”关系（即第一者与第二者）、“我—他”关系（第一者与第三者）之分。前者，“我—你关系”，指当“我”把一切“前见”，一切文化预设都放弃的时候，“我”就完全沉入与“他者”的“相遇”（Meeting）之中，和“他”保持一种真正的对话，“我”就把这个“他者”当成了“你”，从而形成了一种“我—你”关系，这是一种具有开放性、直接性、相互性和“在场”的关系。

中西两种文化对话的可能，就在于这两种文化是否能够真正相遇，是否彼此能够把对方当成一个“你”而不是一个对立的“它”，在于这两种文化都失去“自我”，寻求与对方的统一性（不是“共同性”）。如果两种文化都以自己为“主体”，以对方为“客体”，那么它们之间永远不会有“对话”，只会各自“独白”，永远处在一种分离之中，不会形成统一性和直接性。文化对话就是体验“我—你”关系中的“另一方”，这种关系乃精神之家园。

反叛只是超越的起点，而超越的完成只存在于比主体更广阔的关系境界中。理解是一种再创造，梁实秋人生哲学以自由为基点，呈现于关系，在关系中敞亮自身。首先，强调自由意志的重要性。学人作为独立的个体不应依附于任何党派、集团，更不能参与政治权力意义上的党派、集团斗争。然而，知识精英和政治精英有着明确的区别和互动关系，知识和精神的力量并非完全割裂，而且始终通过一种有效的规则途径来实现互动。保持自由意志的基本条件是理性，运用理性来思考一切，做到热情而有节制，不受制于极端。这一理性原则不是逻辑的思辨，而是一种理性的自觉，是经过“窟穴中的斗争”之后发自内心的判断。换言之，个人、国家、民族之间是一种自然、和谐、互为条件的关系，而不是主与从的关系。每个人的充分发展，能够各尽其才，各司其职，就能从整体上促进整个社会的发展、进步和民族的强盛，只有民族的充分强盛，民族中的个体才不会被奴役，才有足够的自由发展的空间。“理性自觉”传承了传统的民族文化心理，并以之为联系各个个体的纽带，为相同的目的而联合，为民族的解放和强盛而努力；这一过程也将促成理性的个人主义的升华。其次，个人须勇于承担，敢负责任。自由意志赋予了个人自由选择的自由，人生就是在一次次选择中完成的，人自己决定自己的一生，而不是环境或者是其他什么。梁实秋这样说道：

> 环境对文人的影响是微弱的，不论国家处于升平或者动乱的时代，文人都应该有独立的人格，也就是我们常说的书生脾气或本色。……如果说环境能够影响到文人的地方，也并不是扼杀文人自由的思想，而是启发文人的性灵，让他们从实际的生活和现实的环境里获得体验，使思路更广，笔锋更利，文章超于形体之外，不仅能够做时代的先驱，又能作为人类精神文明的指标。[①]

个人不但要慎重地做出一次次选择，并且对选择的一切结果负责，这对保持个人完整的性格、独立的创作力都很重要。学人与现实要保持一定的距离，所谓"旁观者智"。"道德，其范围至为广阔，既不限于礼教，更有异于说教。吾人行事，何者应为，抉择之间，端的一心，那便是道德价值的运用"，"文艺与道德有密切的关系，但那关系是内在的，不是目的与手段之间的主从关系"。[②]于是道德、思想、情感交织在一起，形成了作品的多层次意义，而且道德成分增加了作品的深度。道德选择的终极目标是幸福，幸福不是拥有而是追求，它实现于整个追求的过程中，文学就是对幸福的理解和诠释。然而幸福不是快乐的同义词，不是任意所为，它可与痛苦、艰难相伴，但必然以自由意志为前提，

---

① 梁实秋：《文人对时代的责任》，《梁实秋文集》第 3 卷，鹭江出版社，2002 年，第 117 页。

② 梁实秋：《现代中国文学之浪漫的趋势》，1926 年 3 月 25、27、29、31 日《晨报·副镌》。

保护人的心性免于受外界的限制，以免在“能够做……”的意义上的“自由”中迷失；外界的限制既有外部环境的压力，亦有来自个人自由选择产生后果的限制，比如应防止极端的个人主义。“个人”不是环境的附属品，具有自由的意志、自由选择的权利和能力，所以，过怎样的生活，度怎样的人生，不是由环境的驱使所决定的，是个人选择的结果。“无行”的生活，易被视为潇洒、浪漫，梁实秋却斥之为“不道德”，而不道德的生活产生不道德的结果，因而无论在思想上还是创作上都将成为“自由”的障碍。换言之，从创作“自由”这一角度来说，作家在思想上是完全自由的，应忠实于人生，忠实于内心，既对传统权威有自我的判断和选择，亦有拒绝外来政策指导及宣传的能力。一个人的道德价值，不在于他做了多少事，也还在于有多少事他没有去做；中西文化互动关系具一种普适性的结构价值，实际上反映了自我和他者的关系。人生“三境界”一如中国佛家看山悟道三阶段，初看山是山，继而山不是山，终乃山还是山。

第三章　同质

学者工夫，唯在居敬、穷理二事。此二事互相发。能穷理，则居敬工夫日益进；能居敬，则穷理工夫日益密。

朱熹:《朱子语类·卷九》

从文化发生学观点来看，中西古今文化冲突由来已久，只不过到了“五四”新文化运动时，达到了高潮。这种错综复杂的中西古今文化冲突一直延续至今，可以说整个20世纪的中国，为了实现民族振兴、国富民强的理想，在思想文化方面一直为现代与传统、世界主义与民族主义的矛盾和取舍所困扰，并且以此为主线，构成了波澜起伏又迂回曲折的历史进程。在这一进程中，中国知识分子出于对中西新旧文化的认识和中国文化出路的选择，存在或大或小、或隐或显、或深或浅的差异与对立。20世纪初中国有两类不同的中西文化观：一种认为中西文化异质，以陈独秀、胡适、鲁迅等人为代表；一种主张中西文化同质，以张之洞、梁启超、吴宓等为代表。鲁迅说：“我看中国书时，总觉得就沉静下去，与人生离开；读外国书——除了印度——时，往往就与人生接触，想做点事。中国书虽有劝人入世的话，也多是僵尸的乐观，外国书即使是颓废与厌世的，但却是活人的颓废与厌世，所以主张少看或不看中国书，多看外国书。”[①]对中国传统文化的批判，

① 鲁迅：《华盖集·青年必读书》，《鲁迅全集》第3卷，北京：人民文学出版社，1973年，第12页。

鲁迅基本上取决绝态度，简直要推倒一切。如他说："无论是古是今，是人是鬼，是《三坟》《五典》，百宋千年，天球河图，金人玉佛，祖传丸散，秘制仙丹，全部踏倒他。"①

吴宓则基于对"常"与"变"关系的认识，强调"只有找出中华民族文化传统中普遍有效和亘古常新的东西，才能重建我们民族的自尊。"②并指出"天理、人情、物象根本内律不变"、"枝叶外形"则"常变"，并以宗教道德为例说明。"夫宗教实基于人生之天性，所以扶善屏恶，博施广济，使信之者得以笃信天命，心境和乐，精神安定，此固极善之事也。道德之本为忠恕，所以教人以理制欲，正其言，端其行，俾面事各有轨辙，社会得以维持，此亦极美之事。以上乃宗教道德之根本内律也，一定而不变。然风俗、制度、仪节，则宗教道德之枝叶之外形也，故各教不同，各国不同，各时不同，尽可随时制宜，酌量改革。"③这一思想决定了他的中西文化观，他认为中国传统文化必须维护，尤其是以孔子学说为根底的儒家伦理道德是不可改变的本体，它超越一切时代。

胡适则提出了"有限的可能说"，认为中西文化乃"大同小异"。他说："人类的官能心理大概相同，故遇着大同小异的境地时势，便会产生出大同小异的思想学派。东家所有，西家所无，只因为时势境地不同。"④"人类的生理的构造根本上大致相同，故在大同小异的问题之下，解决的方法，也不出那大同小异的几种。这个道理叫做'有限的可能说'。"⑤

① 鲁迅：《华盖集·忽然想到·六》，北京：人民文学出版社，1973年。

② 吴宓：《中国的新与旧》，《中国学生》月刊第16卷第2期。

③ 吴宓：《论新文化运动》，《学衡》，1922年第4期。

④ 胡适《中国哲学史大纲》（卷上），姜义华主编《胡适论学文集·中国哲学史》，中华书局，1991年，第28页

⑤ 胡适：《读梁漱溟先生的〈东西文化及其哲学〉》，欧阳哲生编《胡适文集》，第3卷，北京大学出版社，1998年，第193页。

文化演进是一个新中有旧，旧中有新，由新而旧，由旧而新的递嬗过程，新是旧的发展，旧是新的根基。比较而言，梁实秋主张中西文化同质，赞同“新旧杂糅”、“新旧调和”或“存旧立新”的观点，认为中西两种文化之间是可以相互引证的。前文已述，梁实秋对于白璧德之所以很乐意接受，是因为新人文主义与他坚信的儒家思想有着内在精神同构。而孔子又是白璧德所推崇的古代思想家之一，他将孔子与古希腊的亚里士多德放在一起作比较，发现了这两个东西方哲学家之间相互可以印证的共同点。孔子的伦理观与亚里士多德所提倡的古典主义的理性思想有很大的相同点。在缤纷的话语体系中，梁实秋心仪白璧德，因为白璧德为他提供了一种从现代化立场重新阐释中国儒家学说的“密码”。因此可以说，梁实秋对白璧德的选择，是基于一种现代化的立场;在没有标准的状态下提供了一种思路和整合认识的可行性。若一概而论为其“保守”的文化立场，似有欠妥之处。

20 世纪初，整个世界思想界关注的焦点，是物质功利和人文精神这一对立矛盾问题。无论是比较中西文化之差异，还是说明新旧文化之关系，其目的都是为了对中国文化的出路做出选择。白璧德所写《卢梭与浪漫主义》对梁实秋产生了重要影响，这篇文章中白璧德开宗明义地宣布自己的“现代性立场”：

> 我们年轻的激进派之所以具有那种无法表达的聪明，就是因为他们相信无论自己可以成为什么，他们都是现代性的化身。在同意他们的观点之前，人们最好先定义一下现代和现代精神这两个术语。之后就会发现，温和、年轻的激进派遇到的真正困难不是说他们太现代了，而是他们现代得还不够。因为，虽然现代这个词常常、并且无疑是必然地被用来描述比较近的或最近的事情,但这并不是这个词的唯一用法。歌德、圣伯夫、勒南和阿诺德这些作家也用过这个词，但并

> 不是只用了这种意思。这些作家所谓的现代精神是指一种实证的、批判的精神，一种拒绝信赖权威对事物进行取舍的精神。例如，当勒南称彼特拉克为“文学中现代精神的创立者”时，他所说的就是这个意思；而当阿诺德解释为什么伟大的希腊人在我们看来似乎比中世纪的人更现代时，他所说的也是这个意思。我现在努力要做的就是想成为这种意义上的彻底的现代人。[①]

关注文化规范，警惕文化断层，面对单向的历史现代性追求所带来的人文精神失落，白璧德要从传统经典中寻找精神资源，重建价值体系。他强调文化传统是基于一种理性，一种道德，一种秩序，而不是割裂式的，革命式的，卢梭式的；人文主义的精髓实际上是在经典里，西方的传统经典是希腊、罗马、莎士比亚，而不是西方 19 世纪以后的现代范式。换言之，传统文化和现代思想这两股力量不是要完全割裂，而是要通过一种有效的规训途径来实现互动。白璧德新人文主义的呈现，是对当时风行美国的实用主义和行为主义的指责，是对缺乏约束的“现代性”的批判。面对唯物质主义的滋长，白璧德主张“中庸之道”（the doctrine of the mean），在“一”（the One）与“多”（the Many）之间寻找最佳的平衡，抵制物化横行于世，寻求与“物质之律”相对立的“人事之律”，以阻遏人文精神的失落与颓败。由于近代西方文明的扩张与内敛相互交替，丢弃了古典文化精髓和基督教文化的约束，科学人道主义和情感人道主义在这时引领风骚，这两种类型的自然主义都否定超理性区域，导致信仰缺失，离心离德，人与人斗，阶级与阶级斗，最后是国家与国家斗。面对现代转型

① [美]欧文·白璧德：《卢梭与浪漫主义》，孙宜学译，河北教育出版社，2003 年，第 2—3 页。

时期的竞逐演化，白璧德开始着手调试人的自身内部，“最佳平衡”的路径就是以个人“高上意志”（the higher will）制约“卑下意志”（the lower will），换言之，内心达向“内在制约”（inner-check），而不是求诸外在。在白璧德新人文主义思想中，“内在制约”起着关键作用。

前文已述，梁实秋早年曾是一个浪漫主义者，对英国唯美主义大师王尔德（Oscar Wilde，1854—1900）十分敬仰，“以为他在任何方面都是了不起的人物”，[1]故而对他的作品“至为爱好”，留美不久便发表了《拜伦与浪漫主义》一文，在这篇文章里，对卢梭予以很高评价，认为他“是法国大革命的前驱，也是全欧浪漫运动的始祖，卢梭的使命乃是解脱人类精神上的桎梏，使个人有自由发展之自由，浪漫主义只是这种精神表现在文学里罢了”。[2]然而，自师从白璧德以后，白璧德精深的思想体系令梁实秋心折首肯，从此产生精神质变，对自己以往的浪漫主义思想开始进行深刻检讨和反思，于是写下了《王尔德及其唯美主义》，曾得到白璧德的当面肯定。[3]在这段时间里，梁实秋还写了《论中国新诗》与《现代中国文学之浪漫的趋势》两篇论文，它们见证了梁实秋

梁实秋和闻一多在清华时期出的第一本书

① 见《关于白璧德先生及其思想》。

② 梁实秋：《拜伦与浪漫主义》，载《创造月刊》1926 年，第 110 页。

③ 见《关于白璧德先生及其思想》。

观念前后的根本逆转；前者刊登在 1925 年 2 月的“Chinese Students Monthly”，写作地点为哈佛大学，写作日期早于他接受白璧德思想之时；后者写于 1926 年 2 月 15 日，此时梁实秋已由哈佛大学转入哥伦比亚大学，显然是听了白璧德讲座以后的时期了。在《论中国新诗》一文里，当时的梁实秋尚推崇感情，宣扬新奇，对郭沫若浪漫派诗歌大加赞赏；而《现代中国文学之浪漫的趋势》一文，则可视为梁实秋否定过去转向白璧德麾下的宣言。自此终年，他的人生哲学包括后来的文学创作都是它的延续，再也没有大的改变。梁实秋与白璧德精神内核的相通，由早期的浪漫主义很快转向了与之相对的古典主义。因此，白璧德理论与梁实秋儒家观的交叉点，是理解梁实秋的钥匙。

第一节　“自由”与“自觉”

王国维（1877—1927）、梁启超（1873—1929）比近代的批评家更早地使用了西方哲学思想资源，但在对于人的本质的理解上，可以说他们仍是近代型的。王国维引进叔本华（Arthur Schopenhauer，1788—1860）、尼采的哲学思想，超前地接触到了西方最新成果。叔本华认为天才和儿童的共有特征就是天真以及单纯的、自由的心境，拥有这样心境的人可以摆脱个人欲望与利害关系，客观地窥视人类与事物的内在本性，并且把窥视到的内在本性与自身单纯的情感融合在一起，一并表现出来。王国维阐发了这个观点，其意旨在于不失赤子之心者可以暂时超脱外界的利害关系进入自由自在的艺术境界。所取“赤子说”，似是一个处于自由状态的“自我”，其倡导的“赤子说”与李贽（1527—1602）、邹元标（1551—1624）一脉相承，未突破所包含的个性内容，甚至还从李贽、邹元标的认识立场后退，把“人”的概念变成了美学概念。当然，二者概念并非不能相通，但从提倡个性解放到肯定个人价值角度看，却是对“人”的弱化；即使承认“赤子说”的人学特征，此观念也只从“自然人”的角度理解人的本质，虽则体现反抗理学道统压抑人性的近代精神，但没有解释清楚人的社会本质终为何物这一根本问题。梁启超则深信：“以天演学物竞天择、优胜劣败之公例，疾呼而棒喝之，以冀同胞之一悟，一言以蔽之，曰开民智，振民气而已。”[①]这种“进化主义”作为一种新的宇宙观和世界观所具有的广泛解释力和实用性，十分符合中国知识分子的普遍需要，它填补了晚清中国意识形态的真空，[②]受到中国知识分子的普遍欢迎，在很大程度上满足了解释中国困境的需要和复兴民族愿望的价值需求。到了现代，受西方思想的影响和启发，理论批评界才认识到了人的本质离不开社会关系的制约，人之成为人，关键在建立个人本位的人学理想。从文化人学的角度看，“个人”成为构建中国现代人学的核心，人的本质至此才清楚显露，人的本体存在正在得以确立，与此相应的“人的文学”也才显示出现代的辉光。

梁实秋“自由思想”与文学批评的自觉，使得他在当时的文学批评家中脱颖而出，不仅成为新月派后期重要的文艺理论家，而且是20世纪二三十年代中国新文学批评运动的代表人物之一。其文学批评的特点与得失，集中体现在他对“五四”新文学的批评与反思上，异于主流的人性观恰好形成一个多元并存发展的态势，拓宽了中国现代文学批评的空间。因此，仅以无产阶级文学批评的发生充填“现代”概念似显得过窄，不能用作中国现代文学批评进入新的发展时期的本质性标志。梁实秋的文学批评虽对“五四”新文学多有苛责，却以迥异于主流霸语的独特视角关注到文

① 梁启超：《清议报一百册祝辞并论报馆之责任及本馆之经历》，《饮冰室合集·文集之六》，北京：中华书局，1936年。

② 参见林毓生《中国意识的危机——五四时期激烈的反传统主义》，贵阳：贵州人民出版社，1988年，第96页。

学进程中出现的具体问题与重大倾向，所以，他的文学理论批评在新文学批评史整体格局中占有重要一席。当然，这绝不是说梁实秋的批评理论多么正确，或是他的批评实践对于中国新文学的发展有多大指导意义，其重要性在于，他从具古典倾向的新人文主义的文学批评视角，在与话语霸权对峙抗衡中实现了互补价值，共同构筑了中国文学批评史的整体景观，在相互不断的冲突整合中丰富了20世纪中国现代文学批评的发展空间。

1934年南京中正书局出版了梁实秋第三本论文集《偏见集》，收录《文学与革命》、《现代文学论》、《文学与科学》等24篇评论文，结合新文学运动及实践，梁实秋再次阐发了新人文主义文学批评观。同年，又由上海中华书局出版刊印《文艺批评论》，这本书，实则是一部西方文艺批评史略，标明基于新人文主义立场，对西方古典主义的偏好和褒扬。由此可见梁实秋的文学理论走向系统化，到了文学批评自觉的成熟期。正是他文学理论的自觉性与系统性，使得他在文学批评家中卓然而立，以一种与主流相异质的姿态和立论赢得文学批评话语权，参与了中国新文学批评的建设。毋庸置疑，梁实秋人性观源自白璧德的新人文主义，不赞成浪漫主义的无节制，但这也并不代表他彻底否定和抛弃了人道主义，只是认为情感在量上要加以节制，过分的同情是“自爱”、“自怜”的扩大，是建筑在一个极端的浪漫幻想上。

虽然梁实秋人性观依据文学论争以及人性的客观实际有所创发，但和其师白璧德已存在一定的差异。在第一次世界大战后西方社会出现空前的社会危机和精神危机，正如陈寅恪所言：“物质与人事，截然分途，各有其律。科学家发明物质之律，至极精确，故科学之盛如此。然以物质之律施之人事，则理智不讲，道德全失，私欲横流，将成率兽食人之局。盖人世自有其律，今当研究人世之律，以治人事。”[①]当时西方知识界迅速分化，以白璧德为代表的一部分人期望回到历史和传统中去，重寻经典宝藏，以求济世药方，在日趋功利化物质化的世风中实现人类精神的重建。转而研究“人事之律”，也就是求通向“中庸”正道。对此，雷纳·韦勒克（Rene·Wellek 1903—1995）曾评论说，从历史的角度来看美国文学批评，白璧德是美国最值得注意的文学批评家。事实上，梁实秋承认人生有三境界，就意味着承认人性的差异。理性的个人诉求是人文主义的核心理念之一，任何世俗的财富都无法补偿生命和自由的丧失，无论以任何代价放弃生命和自由，都既违背天理，又违背理性。极端的个人主义放任自流，随性而为，没有了理性的制约，与时代精神相悖。失掉了理性制约的极端个人主义，就是个体失掉了人之为人的最重要品质，只能离“自由”愈来愈远。自由具两个基本要素：自由选择与理性，这两个元素缺少任意一个都不能使人成为自由的人。极端是非理性的选择，结果为极端的后果所限制，而丧失自由选择的能力；它往往是非自由的因，必须警惕。极端也有两种表现：过与不及。这两种极端都是致命的。自由的文学因为有了理性的限制而自然地具备了道德性选择，文学中的道德性，不是作者的刻意追求，而是有理性的节制，是以人性为主要内容的文学所自然具备的品质。文学的道德性根源于人生，也源于作家的本性。道德不同于教训，它是文学的内在驱动，不是外在的规范。白璧德以理节情主张与中国儒家“中庸”相契，梁实秋洞察到这一点，灵活地进行了系统阐发。

梁实秋尊崇其师，崇尚一种“常态的人生”，“常态的”即为“普遍的”，而“凡普遍者，即为中庸者”。[②]中庸作为一种做人

① 孙尚杨主编：《国故新知论》，北京：中国广播电视出版社，1995 年，第 39 页。

② 梁实秋：《诗的将来》，《梁实秋文集》，第 1 卷，鹭江出版社，2002 年，第 442 页。

的哲学，也是一种根本的人生态度，中庸所要达到的目标是和谐，是天、地、人的三位一体；梁实秋将中庸作为文学创作的内在驱动力，并在后来成功地驾驭在《雅舍小品》创作之中；在与鲁迅等论争文学是否具阶级性时，梁实秋再三强调文学就是表现最根本的人性的艺术。在关注人性与自我的对立、人性与阶级性的对立、人性与时代的对立三个层面上，梁实秋进而展示人性实质；在这一关注中也包括政治和文学间的关系博弈，就是说，关注社会中所有关系在文学中凸显的人性。在他看来，文学作品中有了人性，也就有了永恒性；人性是不变的，文学表现人性这个规则也当是“不变”的集中展示。然而困难的是，一个问题从单纯的理论建构到最后的生成、实践，这个过程是很难做到的，意味着将遭遇“知识结构”、“学术思维”及“现实人生”等重大挑战。实际上，梁实秋的人性观，若被换成道德概念，也无妨，因为他论证人性不变，其实论证的就是人的基本道德规范不变；文学要表现这个不变的人性，也就是要表现这个基本不变的道德规范。如此，梁实秋在论争文学有没有阶级性，实则突出的也就是文学应当有道德性。他这样说道：

> 将来的世界无论怎样改变，人性是大约不至于怎样重大改变的，观于几千年来人性之无多大变化，我们便可依此推论到将来。诗若能抓住这个基本的人性——尤其是人的基本感情——加以描写，则这诗将永远成为有价值的东西。人的情感如喜怒哀乐，与马克思主义没有什么关系，与安斯坦的相对论亦没有什么关系，所以有些文学题材，是可以长久有效的。荷马之诗，虽然歌颂神祇英雄，似与现代精神不合，然其神祇英雄固不悖于人性，故两千年后犹有读者，如仅为荒诞不经的故事，则其

价值早已减少矣。[①]

文学就是人生最根本最严重的情感之完美的表现。恋爱的力量，义务的观念，理想的失望，命运的压迫，虚伪的厌恶，生活的赞美，这种种都是古往今来的文学杰作的根本质素，而这种种又都是人性的最重要的成分。一千年前的文学作品，到一千年后，一样的可以激动人的同情，中国的文学作品可以一样令欧洲人赏识，这便是一个绝大的铁证，证明文学价值之所以如此普遍固定，是由于文学的根本质素在空间上在时间上都是一成不变的，换言之，人的根本情感不变；人性不变。[②]

一个资本家和一个劳动者，他们的不同的地方是有的，遗传不同，教育不同，经济的环境不同，因之生活的状态也不相同，但是他们还有同的地方。他们的人性并没有两样，他们都感到生老病死的无常，他们都有爱的要求，他们都有怜悯与恐怖的情绪，他们都有伦常的观念，他们都企求身心的愉快。文学就是表现这最基本的人性的艺术。[③]

在梁实秋这里，人性与道德之间进行位移，用人性论来反对阶级论，同时也用道德论来反对阶级论。梁实秋认为，所谓具有人性，也就是具有道德的观念，正是人类社会的道德观念构成了人性的基本内容。所以也可以这样说，梁实秋是一个文学上的人性论者，更是一个以肯定道德内容为基本内容的人性论者。他的立场很鲜明：首先，人性论若不是以道德作为主要内容，那么，他的人性论就很难与那些重视审美活动的人性论厘清界限。其次，将道德与人性联系在一起，不但人性论内涵充实深厚，也使道德

① 梁实秋：《诗的将来》，《梁实秋文集》，第1卷，第442页。

② 梁实秋：《文艺批评论》，北京：中华书局，1934年。

③ 梁实秋：《文学是有阶级性的吗？》，《新月》第2卷6、7号合刊，1929年9月。

论有了扎实的根底，人性不变的论证也就更明晰有力，因而道德不变的结论也就自然而然地形成了。综而观之，梁实秋不仅是一个人性论者、道德论者，而且在人性与道德的问题上绝不会轻易地承认变化。他对人类社会的发展所持观念，也就必然地以传统的标准来加以衡量了。至于理性概念，在梁实秋文学批评中更是不可忽视。反过来说，一个道德论者，要以文学来表现来维护人类的道德规范，往往不会是一个非理性主义者。因此，梁实秋在推行他的伦理批评中，给予理性的地位极高。除了早年对文学展示充沛的激情曾给予肯定，后来对文学与情感的结合总是采取低调。他这样评述浪漫主义："不过若把这浪漫的成分推崇过分，使成为一种主义，使情感成为文学的最领袖的原料，这便如同是一个生热病的状态。"[①]他以世界著名作家为例证，进一步引证文学与理性的关联，论证文学与道德的关系。他说："试将最杰出的文学家加以统计，就可发见最伟大的作家几乎都是身心平均发展，无论其如何的情感特别丰富，想象特别发达，总不失其心理上的平衡。大诗人总不是疯子，好作品绝不是梦幻。唯有第二流及第三流以下的作家，才有变态的心理。"[②]在梁实秋看来。以理性为出发点，去把握一个作家有没有理性，一个作品有没有表现出理性的内容，可判断这个作家与这个作品是否具有了道德内容，最终的结论是"伟大的文学的力量，不藏在情感里面，而是藏在制裁情感的理性里面"。[③]在梁实秋这里，对古典文学的评价往往高于现代文学，因为在他看来，现代文学很容易滑向极力表现情感的路子。保持对他者的强烈关注，聚焦"我"与宇宙中其他在者的关系，不仅关乎对外来资源的汲取，更意味着走向和谐之道的

① 梁实秋：《文学的纪律》，《新月》第1卷第1期，1928年3月10日。收入《文学的纪律》(评论集)，上海：新月书店，1928年。

② 同上。

③ 同上。

必由路径，这就是为什么梁实秋对荷马（Homer，约前9世纪—前8世纪）、杜甫（712—770）这些古代作家评价很高的原因。这样一来，呼吁理性是文学作品诸要素中的“节制的机关”，理性是文学中的“剪裁”的力量，自然成了梁实秋建立“文学的纪律”[①]的基础的重要考量：

> 在理性指导的人生是健康的常态的普遍的；在这种状态下所表现出的人性亦是最标准的；在这种标准之下所创作出来的文学才是有永久价值的文学。所以在想象里，也隐隐然有一个纪律，其质地必须是伦理的常态的普遍的。……想象是由平凡走到深奥的一条桥梁，不是由常态走到变态的一个栈道。[②]

这样确立的标准，乃理智统摄下的再现人的情感，具体言之，这里的人性，涵生理层面，如生老病死；涵精神层面，如爱的要求；涵社会的层面，如伦理观；也涵人性与阶级性的轻重之别，深值思考。理想的人生存在于道德的境界里，合乎伦理。因此，作为人生的一面镜子的文学艺术，必须也是合乎伦理的，超越生活的表象而达到道德的境界。“五四”新文学过分推崇情感而忽视理性的约束，放纵想象而违背了文学及人生的伦理目的，梁实秋因此不能不大加针砭。他疾呼要重建古典主义的道德观，创发一套符合节制、合理、完整、秩序的古典主义的标准。从人性史观看，人生和历史就是人性与非人性的关系构成，存在“变动中自有不变动者在”的因素。实质上，也就是人类精神与文化意识的积淀，这种积淀随着历史长河的流动，日积月累沉积下来稳定不

① 梁实秋：《文学的纪律》，《新月》第1卷第1期，1928年3月10日。收入《文学的纪律》（评论集），上海：新月书店，1928年。

② 同上。

变，为人类各时代各民族所共同拥有。文学只有表现人类共同思想与心理因素，即这种人类精神的积淀，才能深入契合人类心理的共通结构，引起最广泛的共鸣，这样的文学也才能够历久不衰，如普希金（1799—1837）所说“是全人类的心声”。

在梁实秋看来，“人是平等的”实际上很难完全做到，仅属“极端的假设”，是非理性的。他认为，人性在智力上并不具“普遍性”，有天才与大众的矛盾与差异，存在天才的神性的巨大作用，故把历史的进步和文明归因于天才的努力和推动，最高的艺术是由天才创作的。

梁实秋与胡适

追溯历史，关于天才论，在中西方文化发展史上都有着众多的倡导者和响应者，北朝的颜之推（531—约 595）、明朝的宋濂（1310—1381）以及西方的柏拉图、康德和叔本华等人都是天才论的提倡者和拥护者。柏拉图认为，能使人产生审美愉悦的诗歌并不是凭借技艺创作的，而是依靠神灵的凭附形成的。他说："她（指诗神缪斯）首先使一些人产生灵感，然后通过这些有了灵感的人把灵感热情地传递出去，由此形成一条长链。那些创作史诗的诗人都是非常杰出的，他们的才能绝不是来自某一门技艺，而是来自灵感，他们在拥有灵感的时候，把那些令人敬佩的诗句全都说了出来。"[①]中国传统儒家文化也是以"人"为中心来建构伦理道德学说，所谓"仁者人也"、仁爱之心及道德意识是人最本质的要求，道德是人与生俱来的伦理意识，道德行为是个体出于生命本能的要求和反应，而不是对客观规范的被动遵守。同时，道德理想也不是远离人生的虚无缥缈的所在，它与人的生活密切相关，是人们在日常行为中不断进取以实现本性的过程。在肯定"性相近"的同时，《论语•季氏》曰："生而知之者上也，学而知之者次也，困而学之，又其次也。困而不学，民斯为下矣。"明确人与人之间智慧的高低之差，存在"生而知之"。《论语・阳货》中更明示："唯上智与下愚不移。"体现出强烈的等级差别。

梁实秋的精英意识深受其影响，在智力问题上他并不持"人性的普遍性"观点，而是肯定人智力的差异和矛盾，把人分为天才和大众两类。对天才与大众的形成，他解释为天赋和遗传。在他看来，能否成为天才，决定于人们秉受人性的分额的多少，天才是因为天赋特别的厚些，眼光特别的远些，理智特别的强些，感觉特别的敏锐些，为一般民众所不能感觉所不能透视所不能思解。于是，在坚信人性具普遍性、可以被不同阶级的人共同拥有的同时，指出人的智愚不一、教育修养有别，故学术文化无所谓"平"。他说，"好的作品永远是少数人的专利品，大多数永远是蠢的，永远是与文学无缘的"，[②]认为文学永远只是少数人可以理

① 柏拉图：《伊安篇》，《柏拉图全集》第1卷，王晓朝译，北京：人民出版社，2002年，第304页。

② 梁实秋：《文学是有阶级性的吗？》，《新月》1929年9月第2卷6、7号合刊。

解和创作的，不能为迁就大众而降低精英的水平。梁实秋和他的老师白璧德在立身、立德、立言方面的初衷是一致的，都是要为现代社会提供合理的现代性准则：首先是要以身垂范，成为真正现代意义上的知识者；其次要努力促进合理的价值尺度的形成；然后是要形成良好的学术规范，这是他们面向社会的最明确的姿态。然而，他们从传统中寻找文化现代化可能性的行动被诠释为“不合时宜”，尤其在 20 世纪初中国现代性历史语境里，以进化论为主导的认知体系，决定了梁实秋话语一出现便陷入重围，被贴上了“古典主义”、“保守主义”、“白璧德的门徒”等标志着“落后”的标签，因此，文学行动只能是一路走一路论争，论争成了文学行动的不可或缺的部分。

梁实秋终生对白璧德新人文主义的遵从与坚守、对新人文主义文学批评的自觉引移，不仅仅在于师生之谊或如梁实秋自己所言，出于对其学识与人格的景仰敬佩，而是从一种人生姿态上寻到了内在驱动力。他留美回国前夕发表了一篇批评，是为熊佛西（1900—1965）剧本所作的序，在这篇署真名的序中梁实秋称自己“是一个守旧者”，[①]“是明明白白尊重古典主义”。[②]《晨报》在当时的地位可谓举足轻重，在这样一个权威报刊上和闻古色变的新文化舆论中，公然以“守旧者”自居，无异于冒天下之大不韪。以当时语境，“守旧”就是守护封建传统文化的简称，以守旧者自居无疑标示自己的传统文化立场，这是需要胆识和自信的，梁实秋时年 23 岁。白璧德所称的古典主义与教条式的新古典主义有重要区别，他曾一再强调说“真正的古典主义并不取决于对规则和遵守或对典范的模仿，而是取决于对普遍性的直接感悟。”[③]

① 梁实秋：《长城之神·前序》，1926 年 3 月 22 日《晨报·副刊》。

② 同上。

③ [美]欧文·白璧德：《卢梭与浪漫主义》，孙宜学译，石家庄：河北教育出版社，2003 年，第 11-12 页。

这种直接感悟是基于自觉限制和自我约束来实现的。“古典主义”是一个外来译词，梁实秋所“明明白白尊重”的古典主义乃是白璧德所界定的古典主义，它是文艺理论范畴内的概念，与白璧德的新人文主义关系密切，梁实秋甚至称古典主义其实就是“人文主义的文艺论”，而古今中外经典作品的权威性就在于实现了它的普适性，也就是“自觉”从柏拉图的“多”中“自由”察觉“一”。

第二节 “寻镜”与“反观”

梁实秋一直以“在人生面前竖起一面镜子”[①]的莎士比亚（1564—1616）作为推崇对象，他多次谈论莎士比亚作品，说莎士比亚全集是一部超越时代与空间的伟大著作，莎士比亚不宣传任何主张，不参加党派，不涉及宗教斗争，不斤斤计较劝善惩恶的效果，戏就是戏，戏只是戏。可是这样的创作态度正好成就了他的伟大，莎士比亚把全副精神用到了人性描写上面。人们并不苛责他没有克尽“反映时代”的使命。如果想要体认莎士比亚时代的背景，何不去读历史等类的书籍？找到一个参照物能很好地认识自身。西方文化对此也有一个“魔镜”概念，它能够反射出自己不同形象。想要认识自己，一个办法是不断地梳理自己，还有一个办法就是借助镜子来映照自己。文学的价值不在反映时代精神，而在表现永恒的人性。1959 年，在台湾青年文史年会上的演说中，梁实秋又引用莎士比亚戏剧里的话谈到文学与人性的关系。他说：“大家记得在《哈姆雷特》里说得很清楚：‘戏是时代的、人性的一种表现。’”“莎氏在他的戏《哈姆雷特》里首先说：‘戏剧是一个时代的摘要（abstract），是时代辗转的历史。’莎氏更有一句名言：‘演戏的目的不过是好像把一面镜子举起来照人

① 梁实秋：《悼念余上沅》，《梁实秋散文》第 4 集，第 203 页。

性。’戏剧不仅表演现实生活，更深一层的表现出人性。”[①]值得注意，梁实秋在这里将“nature”特译为“人性”。以后他又多次提起莎士比亚的这句名言，在《莎士比亚论金钱》译文《编者按》里，再次说：“莎士比亚……的艺术是用一面镜子来反映自然。”[②]在“莎士比亚诞辰四百周年纪念”时，梁实秋又再一次引用莎士比亚的这句话并作进一步解释，说“所谓‘对自然竖起一面镜子’，这‘自然’乃是‘人性’之谓”。

莎士比亚曾说：“可也别太松懈，自己要揣摸轻重；动作对于语言，语言对于动作，都要恰到好处；要特别留神这一点：不可超越人性的中和之道；因为做得太过火便失了演戏的本旨，自古至今，演戏的目的不过是好像把一面镜子举起来照人性；使得美德显示她的本相，丑态露出她的原形，时代的形形色色一齐呈现在我们眼前。”[③]梁实秋认为“莎士比亚之永久性是来自他的对于人性的忠实的描写”[④]，这一“永久性”标准，反映在梁实秋对翻译作品的态度上。莎士比亚著作无疑是典范，完全符合梁实秋的选材标准，他之所以翻译莎士比亚的作品，一个重要的原因就是认为莎士比亚的作品反映了永恒的人性。莎士比亚作品晦涩难解之处很多，各种双关语、熟语、俚语、典故、猥亵语不少，梁实秋不但直译，加了大量注释，且每剧前都加了序言，序言中对该剧的版本、著作年代、故事来源、舞台历史、该剧的意义及批评意见等均有论述。正因此，梁实秋译本成了最受欢迎的版本，这也可视为梁实秋人性观理想的另一种形式的恰当表达。梁实秋

① 梁实秋：《莎士比亚的思想》，《梁实秋选集》，香港文学研究社，1977年，第184页。

②《莎士比亚论金钱》，梁实秋译，载1932年12月10日《益世报·文学周刊》第6期。

③ 莎士比亚：《汉姆雷特》，梁实秋译，台北：远东图书公司。

④ 梁实秋：《莎士比亚诞辰四百周年纪念》，《莎士比亚诞辰四百周年纪念集》，台北：“国立”编译馆，1966年。

对鲁迅的评价是值得商榷的，但不得不承认，梁实秋给我们提供了看鲁迅的新角度，尤其在翻译作品上。译莎士比亚全集，虽由胡适倡导发起，但也是梁实秋理性自觉的选择结果。

在梁实秋看来，只要人性不变，新人文主义便永不失效，“节制精神”在任何立场上都是需要的。其实，新人文主义就是一个做人的态度，没有什么死板的规律或戒条，亦无繁复的理论系统，是一切人都适用的，因此可以说新人文主义倡导的节制精神是时代的需要。正是从这个意义上，梁实秋力图在现代性、白璧德人文主义、孔子这种互为关系的链条上，建立基于儒家思想、借鉴白璧德新人文主义，从而建构中国文学与中国文化现代化的路径。综而观之，白璧德所称道的“现代性”核心就是重新证明和建立“人的法则”，以此来克服现代社会的道德沦丧。在对西方现代危机的反思中，白璧德将反视的目光投向了古老的东方文明，把孔子、释迦牟尼、苏格拉底、耶稣并称为四大圣人，试图恢复古典文化（儒家文化、佛教文化、古希腊文化和基督教文化）精髓和传统秩序，以此来匡时济世。他说“整个现代实验面临着失败的威胁，原因只是它现代得还不够。因此，人只有借助于东方和西方的世俗经验，提出一种真正现代性的观点，而与此相比，我们聪明的年轻激进派似乎是洪水以前的人……”①

在中西传统文化对比研究的基础上，白璧德显示出建构合理的“现代性”的极大努力。在他这里，若称孔子为西方的亚里士多德也显然是对的。白璧德提出儒家思想与亚里士多德的教诲是一致的，与自古希腊以来那些标准法则及礼仪也是一致的。并称他自己正在试图发展的观点即是亚里士多德主义式的。梁实秋指出白璧德的新人文主义是一套“积极的主张”，在一个充满着破坏的、激情肆意的年代里，白璧德显示出“稳健”的“健康”的范

① [美]欧文·白璧德：《卢梭与浪漫主义》，第2—3页。

式。也就是说，新人文主义这个名词可以取消，但是它所代表的稳健思想却是人人可以接受、人人都需要的。在一个情感泛滥，物质过度膨胀的时代，主张纪律和均衡当是对症之良药。白璧德将孔子和亚里士多德并列作为人文主义传统的代表，在其思想体系中引移儒家学说，构成其理论根基，这正是新人文主义思想在梁实秋及同时代知识精英那里产生共鸣与回响的原因。

梁实秋不仅服膺新人文主义理论，跟着白璧德所指引的路径，也把目光投向自古希腊以来绵延不断的古典主义文学批评传统。在《论剧》一文中，梁实秋面对余上沅（1897—1970）批评他言必称亚里士多德，作了这样的申辩："我们从事批评，除非自己有所发明，总该祖述先贤，言有所本，然后才能有个固定的一贯的主张。"[①]并称"我近来有一个绝大的野心，想叙述亚里士多德学说而不有甚大之错误；想实用亚里士多德的学说不有甚大之矛盾。"至此，似乎可以把梁实秋视为一个新古典主义者了，但是这样一个界定还不能准确定位梁实秋批评话语的实质，因为，他的目的并不止于把西方古典主义理论从地球的那一端搬到这一端的简单横移，尽管对西方古典主义理论的系统介绍已使得他对中国文坛做出了贡献，他还有更重要的抱负和"野心"，那就是"实用亚里士多德的学说"，亦即灵活践行西方古典主义理论。发表于《晨报·副刊》的《现代中国文学之浪漫的趋势》就是梁实秋具体行动的宣言，梁实秋对文学批评的判断，不能简单地看作是白璧德理论的传声筒。同样服膺中国传统文化的闻一多在 1926 年 4 月 15 日写给梁实秋、熊佛西的一封信中说："实秋之作，震聋启聩，洵新文学诞生以来第一篇批评也。"肯定了梁实秋的文学批评与发展了近 10 年的"五四"新文学话语有质的不同。

面对同窗好友的褒扬，梁实秋也同样非常看重自己这篇论文，

① 梁实秋：《论剧》，《梁实秋文集》，第 1 卷，鹭江出版社，2002 年，第 55 页。

说这是一篇标明“我的立场”的文章，他说：“我们在文学上批评道家思想，并没有要皈依儒家的意思。儒家的伦理学说，我以为至今仍是大致不错的，可惜我们民族还没有能充分发挥儒家的伦理；但是儒家的文学观念决不能使我们满意。我们现在唯一的出路便是参考西洋文学了。”[①]在梁实秋的眼中，儒家伦理学说和儒家的文学观是区分开来对待的，对前者，他不但做出了充分的肯定，还认为应该继续传承，对后者则绝不苟同，而是采纳西方健全的理论系统。

人生最高的境界是受理智制约的生活，而所谓“人性二元”就是承认人身上有一种能够施加控制的“自我”和另一种需要被控制的“自我”，这两种“自我”即理性与欲望，通常人性中包含着二者的冲突，人的善恶之争即以此为本源。在宗教、信仰、传统、道德、规范纷纷动摇崩塌的现代社会中，重新确立古典人文主义的原则，也就是要用个人的理性来对心中的冲动加以“内在的控制”，这种自我节制就是新人文主义的核心。由此可见新人文主义的人性论与“五四”时期所张扬的近代人道主义人性论（或“自然人性论”）的根本差异。

白璧德把16世纪到18世纪的西方文艺思潮概括为两个方面：人文主义者（Humanists）和人道主义者（Humanitarian），换言之，前者注重功利，以培根（Francis Bacon，1561—1626）为首，其主旨是“注重组织与效率，而崇信机械之功用”[②]；另一种注重感情，以卢梭为代表。“注重感情之扩张，对人则尚博爱，对己则尚个性之表现，此感情扩张运动之行先觉则十八世纪之卢骚是也。”[③]白璧德又说：“吾每谓孔子之道有优于吾西方之人道主义

① 梁实秋：《现代文学论》，《偏见集》，南京：正中书局，1934年。

② 胡先骕译：《白璧德中西人文教育谈》，《学衡》第3期，1922年3月。

③ 同上。

者。”[①]“吾所希望者，此运动若能发轫于西方，则中必将有一新孔教之运动，摆脱昔日一切学究虚文之积习，而为精神之建设。要之，今日人文主义与功利及感情主义，正将决最后之胜负。”[②]以此为基点对近代西方文明进行质疑。

关于功利主义，鲁迅也撰文激烈抨击：“递夫十九世纪后叶，而其弊果益昭，诸凡事物，无不质化，灵明日以亏蚀，旨趣流于平庸，人惟客观之物质世界是趋，而主观之内面精神，乃舍置不之一省。重其外，放其内，取其质，遗其神，林林众生，物欲来蔽，社会憔悴，进步以停，于是一切诈伪罪恶，蔑弗乘之而萌，使性灵之光，愈益就于黯淡；十九世纪文明一面之通弊，盖如此矣。”[③]

为何人的旨趣平庸，罪恶滋生，社会进步停滞，如何“知其所止”？这些问题都使得知识精英们共同展开了思辨。梁实秋借鉴白璧德理论，开始了他对文学的本质、社会功用、价值尺度等核心问题的思考，得出“文学乃‘人性’之产物”[④]，“文学发于人性，基于人性，亦止于人性。人性是很复杂的（谁又能说清人性所包含的是几样成分？）”[⑤]；“伟大的文学乃是基于固定的普遍的人性”，“纯正之‘人性’乃文学批评唯一之标准”[⑥]。在人性之前加上“普遍的”、“固定的”或“纯正的”之定语，是梁实秋基于新人文主义善恶二元人性论的认识。人性乃复杂的善恶交织，须以理性来加以“指导”、“控制”，才能达“健康”、“标准”

① 胡先骕译：《白璧德中西人文教育谈》，《学衡》第3期，1922年3月。

② 同上。

③《鲁迅全集》第1卷，人民文学出版社，1981年，第53页。

④ 梁实秋：《文学批评辨》，1926年10月27日《晨报·副刊》，后收入《浪漫的与古典的》，新月书店，1927年。

⑤ 梁实秋：《文学的纪律》《新月》第1卷第1期，1928年3月10日。

⑥ 梁实秋：《文学与革命》，《浪漫的与古典的》（评论集），上海：新月书店，1927年。

的常态。梁实秋“理性”的强调与白璧德同样，是一个至关重要的求真呈现，关注范围超出狭隘的民族国家利益范畴，指向了更为广阔的思想世界；理性，既是梁实秋对文学创作提出的要求，也是理论批评所遵循的范式。“创作是以理性控制情感和想象，具体的模仿人性；批评乃是纯粹的理性的活动，严谨地评判一切的价值”①。为保证文学能够表现普遍的固定不变的人性，自然会产生相应的规范期待，而理性正合乎这种期待，是“最高的节制机关”；理性不是意识形态关系，是一种“文学的纪律”；文学必须“以理性驾驭情感，以理性节制想象”②，因此，文学批评是以普遍的人性为标准，以理性为节制而进行的“伦理的选择”和“价值的估定”。

梁实秋认为“浪漫主义者就是儿童，至少在心理上是如此”，他指出，“情感在量上不加节制，在作者的人生观上必定附带着产生‘人道主义’的色彩。人道主义的出发点是‘同情心’，更确切些应是‘普遍的同情心’”，“其根本思想乃是建筑于一个极端的假设，这个假设就是‘人是平等的’。平等观念的由来，不是理性的，是情感的”。总之，他反浪漫主义就是为了提倡理性的节制，因此，“表现固然是艺术，但艺术不仅是表现而已。所表现出来的是什么东西，比表现得好与不好，是一个更重要的问题。”③“伟大的文学是道德的，因为它有道德的目的。”④然而，梁实秋的“假设”，也适合用来驳斥他自己“普遍的固定的人性”论，因为“普遍的人性”也含有假定成分，仍然无法仅以“理智与情感的综合”对“普遍的人性”做出令人完全信服的解释，这就使得他的“假设”概念在一定程度上成为一种自在之物。

① 梁实秋：《文学的纪律》，《新月》第1卷第1期，1928年3月10日。

② 同上。

③ 梁实秋：《现代中国文学之浪漫的趋势》。

④ 梁实秋：《文学与道德》，《新月》第2卷第8期，1929年10月1日。

由此，我们对梁实秋的文学批评难于一言以蔽之，尽管他的文学批评集中体现在对“五四”新文学运动所做的反思上，不过，他自己也承认“卢骚是法国大革命的前驱，也是全欧浪漫运动的始祖。卢骚的使命乃是解脱人类精神上的桎梏，使个人有自由发展之自由；浪漫主义只是这种精神表现在文学里罢了”，“浪漫运动的起因是不可免的，且是有价值的”[①]，但是中国文坛确如白璧德所说存在着浪漫主义的泛滥。梁实秋后来在《忆新月》中说：以我个人而论，我当时的文艺思想是趋向于传统的稳健的一派，我接受五四运动的革新的主张，但是我也颇受哈佛大学教授白璧德的影响，并不同情过度的浪漫的倾向。同时我对于当时上海叫嚣最力的‘普罗文学运动’也不以为然。我自己觉得我是处于左右两面之间。我批评普罗文学运动，我也批评了鲁迅。”[②] 因此可以说，梁实秋反对“五四”的浪漫主义的感情铺张和反普罗文学的阶级性都是和其师白璧德的崇古典理性和人性“善恶二元论”学说分不开的。

清华文学社成员 中排左一梁实秋；中排左二闻一多

① 梁实秋：《拜伦与浪漫主义》，《创造月刊》第1卷第3期，1926年5月。

② 梁实秋：《忆新月》，方仁念选编：《新月派评论资料选》，华东师范大学出版社，1984年，第14页。

总的来说，梁实秋理论切入点和文学批评话语是有见地的，1926 年发表的《现代中国文学之浪漫的趋势》，可视为新文学诞生以来最早做出的系统性且具理论深度的总结。梁实秋对“五四”新文学主流的批评，至少触及三个具有建设性价值意义的问题：一是“五四”新文学对外来文化影响的极端承受及过分否定中国传统文化；其次针对新文学运动感伤情绪泛滥倾向，提出理性的选择与理性的创作，最后提出建设新文学的标准问题。他指出：“盖据浪漫主义者的眼光看来，凡是模仿本国的古典则为模仿，为陈腐；凡是模仿外国作品，则为新颖，为创造。”[①]这里的浪漫主义文学就是指整个“五四”新文学。因为他认为：“现今的时代是一个浪漫的时代，中国文学正在浪漫，外国文学也正在浪漫。浪漫主义者有一种‘现代的嗜好’，无论什么东西凡是‘现代的’就是好的。这种‘现代狂’是由于‘进步的观念’而生。”[②]这里的“浪漫主义”不是指的文学的浪漫手法，而是指自卢梭以来的“自然主义”，梁实秋称“卢梭的根本思想是‘皈依自然’（a return to nature）”[③]。反叛与继承是新文学的矛盾主题，在特定的历史环境下，激烈地否定本国文化传统只能是一时的变革策略，任之极端发展就后患无穷了。“五四”运动以来，一直存在着传统与现代的对立、本土与外来的对立、旧与新的对立，透过万物纷纭的表象洞察其规律，任何事物间都不可能是铁板一块，如果一律以外来文化为标准，无异于自我殖民。外来的“新”不一定可作“好”的标准，一味求新求洋，结果只能失掉根基，造成更大混乱。

当时过度的浪漫的后果，一时还没能被许多人认识，梁实秋却已深为忧恚，发现“现代中国文学，到处弥漫着抒情主义”，同

---

① 梁实秋：《文学的纪律》，《新月》第 1 卷第 1 期，1928 年 3 月 10 日。

② 同上。

③ 梁实秋：《浪漫主义的批评》，《梁实秋文集》，第 1 卷，鹭江出版社 2002 年，第 275 页。

时指出情感要考察它的质和量，不加理性的选择，结果是“流于颓废主义”和“假理想主义”[①]。颓废主义文学是不道德的，假理想主义则是既不顾现世的事实又体会不到超物质的实在界。梁实秋有的放矢列举了一些极端倾向：比如“语体文之欧化”，诗歌、小说、戏剧的文体一味模仿，全然丢弃了传统形式，情诗的创作比重太大，且大都未经选择和醇化感情，某些作品自诉衷肠，作不必要的伤感扩大，像割破一只手指，便说自杀未遂，梁实秋将这种夸张解释为“号啕”。他说“诗并无新旧之分，只有中外可辨”；“自浪漫主义得势以来，韵文和散文实际上等于结了婚，诗和小说很难分开，文学的类型完全混乱”。在当时世人眼中呈“蓬蓬勃勃气象”的新文学，到了梁实秋眼里却是“不守纪律的自由活动”。他说“真理想主义与假理想主义的区别，就是柏拉图与卢梭的区别”，柏拉图认为情绪以及附带的快感，都是人性中“卑劣的部分”，诗歌中的想象、激情都是远离真理的谎言，对人类有害，希望诗歌被驱出理想国。用古希腊以来的古典主义来阐释中国现代文学的浪漫性无疑让梁实秋的文学批评理论有了一个最好的平台，而古典主义从反社会现代性的角度从另一方面也可以说找到了“五四”新文学的症结。当时梁实秋想做的不是一个人所能做的事情，但我们至少可以听到不同的声音。梁实秋发现，“五四”新文学“第一步是打倒中国固有的标准，实在不曾打倒；第二步是建设新标准，实在所谓新标准是外国标准，并且即此标准亦不曾建设”。[②]情感的汹涌澎湃与刚刚从封建制度压抑中觉醒的心态有关，喷薄的青春热情是事物发展过程所必经的表现，也能激发一个民族和文学的活力，但这种感伤的极端倾向在新文学初期过分突出，许多作家率性而为，将苦闷与悲哀一泻无余地呈现于笔端，“情绪流”

① 梁实秋：《现代中国文学之浪漫的趋势》。

② 同上。

的激情使得作品粗制滥造、浮泛肤浅，少有精美隽永之作。

以此为症，梁实秋对新文学的发展提出了建设标准。他“把近代西方有影响的批评分为六大家，指出各家各有长短得失：泰纳(Taine，1828-1893)为代表的科学的批评，使文学研究趋于精确，却不能代替价值判断这一文学批评的主要目标；佛朗士(Anatole France，1824—1924)所代表的印象派批评注重批评主体审美感觉，却使批评家的地位降低到一般的鉴赏。卡赖尔（Carlyle，1795—1881）所提倡的解说、传记与历史的批评手法着重批评之社会的功用，却将批评的功能局限于为作品作注解；王尔德(Oscar Wilde，1854—1900)的唯美主义批评之弊在于把艺术与人生隔离；托尔斯泰（Tolstoi，1828—1910)的批评则过于看重文学的平民性与社会功利价值。实际上梁实秋对西方批评史上几大流派都不怎么满意，在他的心目中，唯有阿诺德(Arnold)的新古典主义批评最有可能获得“成绩”，因为他既注重文学的人生价值，又持理性的、节制的立场。[①]梁实秋看似从“守旧”的立场出发，要求新文学建立一种常态的理性标准，实则是力图把新文学的发展纳入他所景仰的新人文主义的轨道。应当说，梁实秋关于建立新文学标准的建议与具体实践方法，于新文学的发展本身是有益的，尽管“五四”新文学并不完全是“浪漫的混乱”，在借助外来文化猛烈攻击传统弊端过程中，自有其自身倾向性可循。但是，如何在本土的基石上竖立起新的标准，是我们至今仍面临的严峻挑战，深值思考。

1982年，在《爱国·读书》中，时年八十的梁实秋说了句意味深长的话：“中国急迫需要的是现代化，但是天下没有‘没有传统的现代化’。”[②]其对中国传统文化的重视，秉持终身始终不移。

---

① 温儒敏：《现代文学史上“反主题”的批评家》，高旭东编：《梁实秋与中西文化》，北京：中华书局，2007年，第51页。

② 《梁实秋文集》第7卷，鹭江出版社，2002年，第727页。

文学是人生的镜像，所反映的对象，不是人生表象和局部片段，而是立体的人生的本质。这种人生本质，在梁实秋看来是亚里士多德的“真”，亦即“常态的人生”；或如歌德所言：“较高的真实之幻象”，是人类精神文化遗传的积淀。这种积淀也并非只是伦理、“善”、道德精神，还有人的根本情感，也就是说，人性也是人类所同有的基本情感与普遍性格。

总之，“理性”是梁实秋一生遵循的原则，因此最重要的是洞察他人和认识自己，人之所以为人在于内心的理性的控制，不令感情横决，如此人性才能完善，社会才走向秩序，这种观念与白壁德“三境界”遥相呼应。“我—你”相遇，“我—你”之间的纯净关系既超越时间又羁留于时间，它是时间长河中永恒的一瞬。人注定要厮守在时间的无限绵延之中，因之，“他”不能不栖息于“你”之世界，又不可不时时返还“他”之世界，流连、往返于“我—你”的唯一性与“我—他”的包容性之间，此种二重性便是人的真实处境。此是人的悲哀，此也是人的伟大。中庸所谓天命之谓性，率性之谓道，修道之谓教及孔子的“克己复礼”，也正是白壁德所常引证的道理，这也就是“镜中之镜”。梁实秋在诠释玛克斯·奥瑞利阿斯《沉思录》的一段话时说：“奥瑞利阿斯又说：‘过一处独居自返的生活。理性的特征便是面对自己的正当行为及其所产生的宁静和平而怡然自得。’”[①]上升到宗教境界的“第三只眼”，在否定和肯定比生命更高的形态上统一起来，借助老子“道生一，一生二，二生三，三生万物”所创思想，正视我们狭隘的认识范围，对事物的研究和认知深入具体现象的内部，在更高的层面上把握事物运行的基本规律，化繁为简，万象归三，三归二，二归一，大道至简。

① 《玛克斯·奥瑞阿利斯——一位罗马皇帝同时是一位苦修哲学家》，《梁实秋散文》第3集，第287页。

第四章　构成

我思故我在。

笛卡尔:《方法论》

如果没有命中注定想做的事,人类所有的梦想都将失去意义。因此，每个人都有属于自己的“天命”或曰使命，即我们一直总希望去做的事情。人们在刚步入青年时都怀着梦想。20世纪初中国留学生群体，如同为国寻宝的英雄少年，他们从异域“拿来”的也不是什么宝藏，而是解析中国传统文化的密码。梁实秋从白璧德那里所觅到的是一种重新审视整合中国传统文化的方法和手段，也就是说，中国儒家思想和西方白璧德理论在梁实秋人生哲学思想中是“体”与“用”的关系，形成地处地球两端异质文化的汇集与携手。物质需求的高度增长、精神的低落失衡，这些生存的巨大困惑问题其实始终困扰着我们，人类的生存任何时候都面临着物质和精神的困境，重要的是在困境中突破。中国文化经历数次变革朝着“人性回归”这条道在发展，更加注重对人自身的反观，物质愈加丰富，人性愈获得极大释放，同时，人的道德观念也出现大幅度失衡。现代社会生活节奏不断加快，快餐文化逐渐成为人们的选择，文学的理性精神与物质情欲再次出现严重割裂，历史惊人地相似。这个时候我们回过头来看梁实秋“合于理性的束缚”,“理性是人性的中心”,“人性之所以是固定的普遍的，正以其理性的纪律为基础”等问题意识，包括物界的事实判断、心界的价值判断、自然界的因果推演、精神界的情感、非理性因素的超逻辑特性等问题，这些当时所指认的问题不也是今日生存于 21 世纪物质化社会中人类的困境？

第一节 限制与均衡

既然梁实秋手中拥有的密码是白璧德授予的，白璧德就是梁实秋心中的“炼金术士”。由于受白璧德思想影响，梁实秋的文学批评及文学创作，比同时代人早一步从浪漫主义发生了逆转。思想的转承，并不是一套现存理论的单向灌输，而是一种内在的精神同构。同理，新人文主义从美国移植到中国，也不是简单的时空地域变迁，而是一种中西语境的转换，寻求一种整体把握事物发展的规律，以达到身在庐山外更识真面目。新文化运动破旧立新，“打倒孔家店”和“全盘西化”，发难期的艰难，表现出反传统的过激姿态，以致“五四”被称之为“传统的断裂”。这类在西方同样存在的现象，白璧德做过专门的界定：要得到“最好的古典主义理论”，“需要返回希腊”，从亚里士多德的《诗学》中寻找资源。亚里士多德对限制和均衡的坚持不仅可以正确地确定为古希腊精神的本质，而且也是一般意义上的古典主义精神的本质。这种对限制和均衡的坚持是需要规范的，不同的古典主义者有不同的描述方式，或称之为“人性法则”，抑或为“理性”，抑或为“自然”，白璧德则归之为“可能性法则”和“合乎经典法则”，认为这是获得“普遍性”的有效路向。梁实秋领悟到新人文主义与传统儒家思想的内在原理，于是以西方思想为方法论，深入本土文化内核，重估中国传统文化中的积极因素，渐渐拓展成自己的文化理想。

梁实秋反对别人称他是“白璧德的门徒”。1986 年，即他去世的前一年，应台湾师范大学老校长刘真（1913—2012）邀请担任台湾“教育部”人文指导委员会事务，在致辞中梁实秋说：“人文主义乃西洋名词，与我儒家思想暗合，弟于五十年前即向往之。”由于传统文学及文学理论一直未脱“文以载道”、“文以贯道”的瓶颈状态，受过西方学术思想训练的梁实秋对传统文化的某些弊端，自然也持批判审视态度。他鲜明地指出：“儒家根本的就没有正经的有过文学思想，儒家的文学观念决不能使我们满意。我们现在唯一的出路便是参考西洋文学了”。[1]梁实秋的表述，表达了他重建文化的独特历史思考和价值实现梦想。“中学为体，西学为用”，既可补中国晚近文学之弊，且不悖于数千年来儒家传统思想。沿着这一学术路径，匡世救弊、经世致用，实现中国文化与西方精神的同构。因而，梁实秋根本目的在于借外来的新人文主义来实现本土文化的传承。

梁实秋抗战时期在重庆

① 梁实秋：《现代文学论》，《偏见集》，南京：正中书局，1934年。

梁实秋注重思想的多元，认为统一的思想容易使整个民族思想僵化，思想的创新也就无从谈起，希望每一个人都应该有自己独立的思想，不能随潮流附和充当传话筒。不论在“五四”时期还是在以后漫长的人生岁月里，梁实秋对“五四”新文学的批判，对“革命文学”的指责，对左翼文学的发难，对“雅舍”文学的创作，甚至包括对自己老师白璧德思想的评估，始终保持其自由精神和自己的独立思考，他不会因不赞同某种思想而完全靠近另一个相反的思想，总是在不断的接受和融合中亮出自己鲜明的态度。毋庸置疑，中国儒家思想是梁实秋的主旋律。他指出，中国的传统文学并不是所有的都不行、应该完全废除，中国新文学不必彻底颠覆传统文学而向西方看齐，同时，他也不同意新古典主义思想的某些刻板。基于对文学的理解和研究，梁实秋对中西文艺思想进行了新的界定和诠释。

传统文化记载了中国文化发生、演化的历史，作为世代相传的价值观念、行为准则、风俗习惯，有着强大的惯性，制约着不同时代的中国人的行为与思维方式，是中华文明的基础和依据，坚忍务实，抱团结群，敬祖孝亲，乐天安命，克己修身这些几千年来衍变所形成的心理观念，渗透在中国社会生活的各个方面，凝聚成独特的文化传统，是中国与其他国家民族的区别。儒家文化现代化过程，是一个不断反思、扬弃、借鉴、吸收、体现“精神灵魂”的过程，重组儒家文化将是传承中华文明、整合外来文化精华、体现中国特色的现代语境的新融构。梁实秋以儒家精神为根柢，汲取西方文化精髓，以补救本土文化之弊端。他说：“中国的文学，和中国的一般思想一样，可以说是受儒道两大潮流的支配。儒家学说虽说是因了历代帝王的提倡成了中国的正统思想，但是按之实际，比较深入于我们民族心理的却是道家的思想，这在中国文学里表现得极其清楚。西洋文学有‘古典的’与‘浪漫的’两大潮流，中国文学也有儒道两大潮流。”[①]也就是说，要真正解决“中国传统文化与现代化”这个时代问题，仅限于儒学是远远不够的，只有从儒道互补的深层结构，才能进一步揭示我们文化的深厚意蕴和现代意义，并与西方现代文化相融合，此乃最佳的历史选择。

“五四”以来盛行的反传统社会思潮，使中国传统文化失去了原有的主导地位，实际上也漠视了中国文化儒道互补结构的深层作用。正是在这种历史文化背景下，梁实秋凭借坚实的知识结构和理想信念，在否定一切的呼喊声中，以清醒稳健的思路不断阐释传统文化菁华，他不仅用文学理论批评模式，还要以《雅舍小品》的艺术形式来表达心中的“梦想”，让人们分享传统文化的隽永美妙。“天行健，君子以自强不息”，梁实秋提倡“有生之年要努力做人，做人的道理在于克己”，“做一个正直人是自己的义务，一个人在其一生中只有一件事具有最高的价值，就是真诚和正直地度过自己的一生”，积极地思想，友善地行动，诚实无欺，悲天悯人，快乐地把所有发生的事情作为必然的来接受，所有这些，在梁实秋看来，是儒家道德的个人行为原则的具体表达。道德理论的超越性和理想性，表现在文学艺术创发上，应不仅仅为引起读者的情感反应，重要的是起到润物无声的伦理陶冶。

综观世界，有没有“没有传统的现代化”？答案是显然的，独中国在这个问题上争论了一个世纪，至今还在争论。白璧德曾一针见血地指出：“中国在力求进步时，万不宜效西之将盆中小儿随浴水而倾弃之。简言之，虽可力攻形式主义之非，同时必须审慎，保存其伟大之旧文明之精髓也。”[②]他希冀中国文化在古代传统的基础上发扬光大，这样的文化现代化转型才具有现实意义。

---

① 梁实秋：《文学现代论》，《偏见集》，南京：正中书局，1934 年。

② 胡先骕：《白璧德中西人文教育说》，南京：《学衡》第 3 期。

现代性不是凭空产生，是由传统转化而来的，西方的“内在制约”说与儒家“克己复礼”之旨，在梁实秋这里得到艺术化的展现，进而参与世界性的寻道之路。他说：“凡是能完美的表现人生最根本的情感的作品，便是有最高价值的作品；凡是不能完美的表现，或表现虽完美而内容不是最根本的情感，便是价值较低的作品，简单说，文学即是人性的产物，文学批评即是人性为标准。”[①]一切伟大的文学都是倾向一个共同的至善至美的中心，因此，“伟大的文学者所该致力的是怎样把情感放在理性的缰绳之下。文学的效用不在激发读者的热忱，而在引起读者的情绪之后，予以和平的宁静的沉思的一种舒适的感觉。亚里士多德于悲剧定义中所谓之“Kathar sis（涤净之意），可以施用在一切的文学作品。文学固可以发泄极丰烈极壮伟的情感，而其抒情之方法，却大有斟酌之处。文学本身是模仿，不是主观的，所以在抒泄情感之际也自有一个相当的分寸，须不悖于常态的人生，须不反乎理性的节制。这样健康的文学，才能产生伦理的效果。今且举雄辩的艺术以为例：希腊的雄辩术，是一个独立的艺术，第一流的雄辩家其遣词命意全要经过选择，用各种艺术的技能使听者为之动容，为之情感兴奋，然而在结尾的地方，必须极慎重地把紧张的空气松弛下来，使听者复归于心平气和之境。这是真正的古典的法度。”梁实秋渐进性文化建设理想，旨在声明人性是文学的本质追求，而“伟大的文学的力量，不藏在情感里面，而是藏在制裁情感的理性里面。”[②]

前文已述，“万物一体”、“一”与“多”是白璧德思想传承体系中一个重要议题，如果一个人要想成为一个健全的个人主义者，一个有人性标准的个人主义者，他就必须牢牢地把握柏拉图“一”

① 梁实秋：《文艺批评论》，北平：中华书局，1934 年。

② 梁实秋：《文学的纪律》，载《文学的纪律》（评论集），上海：商务印书馆，1928 年。

和“多”的关系问题。在这里，“一”即“普遍性”，“多”则指不断变化的事物表象。在这个问题上，哲学家冯友兰（1895—1990）曾指出：“在中国哲学史中，有些哲学命题，如果作全面了解，应该注意到这些命题的两方面的意义：一是抽象的意义，一是具体的意义。过去我个人，对中国哲学史中的有些哲学命题，差不多完全注意它们的抽象意义，这当然是不对的。近几年来，我们才注意这些命题的具体意义。当然，注意具体意义是对的，但是只注意具体意义就不对了。”①“周虽旧邦，其命维新”，抽象继承法实际上是对中国传统文化的批判继承方法。“抽象继承法”和“批判继承法”并没有冲突，也不相违背，“批判继承说的是继承要有所选择，说的是继承的对象问题，说的是继承什么问题。抽象继承法说的是怎样继承的问题。批判继承选择了继承的对象以后，就有个怎么样继承的问题。讲的是继承的方法。”因此，“抽象继承法”是对“批判继承法”的进一步具体说明，使批判继承法更具有可操作性。“文学里很重要的是作者的态度”，一个真正的批评家应该看到一种超越了地方性和相对性的因素，通过一切相像的流动察觉潜藏的因素。“文学的纪律是内在的节制，并不是外来的权威。文学之所以重纪律，为的是要求文学的健康。”②可以看出，梁实秋人性观中关于人性的普遍性、永久性、超阶级的阐释，来自对“多”与“一”的领悟，是对现象世界向本质世界的提升和超越。

白璧德人文主义虽然在当时的美国被视为保守受到排斥，但其实质是一种“人”与“物”的现代性话语“对抗”，这种中西两种元思维意义的文化“携手”，正如白璧德所言“人文的心智若是

---

① 冯友兰：《中国哲学遗产底继承问题》，《光明日报》，1957年1月8日。

② 梁实秋：《文学的纪律》，载《文学的纪律》（评论集），上海：商务印书馆，1928年。

还保持健全，则必须在统一与杂多之间维持最佳平衡。”[①]白璧德对孔子和儒家思想的推崇，使梁实秋从模糊的东方文化立场聚回到儒家学说，在现代性→白璧德人文主义→儒家思想这样一根关系链条上，建构中体西用的中国现代语境。梁实秋说，我们中国人最重礼，因为礼是行为的规范，礼要从家庭做起。西方新人文主义关注到人从“自然生活方式”发展到合乎“道德生活方式”，趋向自觉“自由”的境界，儒家文化则更关注“从心所欲不逾矩”的“自由”超越状态，这两种道德境界梁实秋都击节欣赏。然而，这种境界的达成，不是目的与手段的主从关系，而是主体的内在关系互动。对于德性具体内容，梁实秋一方面强调儒家学说的仁义中心，“仁”是一种广义的“爱”，爱人和爱己，以此出发，孔子的“忠恕之道”，即行仁道，在社会中履行责任和义务；另一方面强调“自爱”，用孔子的话说是“亲亲”，由爱亲之心推广至爱人之心。孔子将“仁”看成人先天具有的本性，将自然本性看成与“仁”相矛盾，需要克服之。儒家文化重义轻利、重道轻欲的人生态度在梁实秋的文学实践中有充分的体现，他在小传中自评道：“生平无所好，唯好交友，好读书，好议论。”《雅舍小品》里尽显儒家思想宝藏，洞察一切的犀利和大巧若拙的平实，既关注到重要个案的国情现象分析、儒家整体文化与外来文化资源的互动维度，更关注到借助西方文化成为国人反思自己的镜子，最大限度地展现他山美人的沉鱼落雁之貌。

第二节　和而不同

梁实秋以道德理性和“五四”新文化运动辩难，在抽象与一

① 白璧德：《什么的人文主义？》；美国《人文》杂志社编《人文主义：全盘反思》，三联书店，2003 年，第 18 页。

般、本质与现象的范畴内表现出价值理性与工具理性、文学贵族和大众平民的对峙。是善恶关系的自我调适和谐，还是人与人之间的角逐争斗？这个问题屡遭质疑和辩论。中外学术界对“文化”这一概念的理解多种多样，定义纷繁。其外延可以宽到囊括人类创造的一切物质成果和精神成果，包括器物、制度、知识、信仰、风俗、习惯等；也可以窄到专指精神生活过程及其成果。不过，这些定义虽然歧义很多，还是至少有三点是共同的：第一，都把文化理解为人类活动的产物，而不是与人的活动无关的自然物；即使有时也指似乎与人类无关的自然物，实际上则是指经过人类的观察、体验并赋予了意义的自然物。文化的内容是“人化”，文化的作用是“化人”，大体上还是属于共识。第二，即使是指物质的东西，无论是人造的还是自然的，人们关注的也不是这些物质事物的物理的化学的属性，而是体现在其中的精神内容。第三，尽管都把文化理解为与经济、政治、社会、生态不同的概念，但都没有把它们看成互斥的关系，更没有理解为逻辑上的上位概念与下位概念的关系。这三个共同点使得对文化概念持不同定义的学者和学派之间可以有实质性的交流。梁实秋辩论中论及的文化应归为“小文化”，专指精神生活过程及其成果，探讨的主要是文化的共同性的问题，具体说是文学中的文化问题。文学有古今但无新旧，梁实秋极不认同对传统文化的抛弃就是“现代”的论点，白璧德新人文主义与儒家哲学的同构，促使梁实秋力图在西方思想与中国传统文化间接隼。人性普遍性、永久性、人生三境界说，其实这些也是儒家哲学的题中之义。不难看出，反对派也难以准确界定他的文学话语特殊形质。梁实秋文学批评话语是“借镜”以弘扬中国传统精神、铸造凝心聚力的兴国之魂，“人性”则是他的话语中预设的价值系统。

中国对于“人文”的提出，最早见于《周易》：“观乎天文以察时变，观乎人文以化成天下。”强调如何将人类社会“化育”为一个与天地相协调的“天下”，达到这一目的的途径不是个人的自由发展，而是对人性“恶”的方面加以限制和约束。如孟子所说，“人之异于禽兽者几希”，自然人性中包含着许多兽性。因此说：“刚柔交错，天文也；文明以止，人文也。”人文的目的乃止于其所当止。《论语·子路》云：“君子和而不同，小人同而不和。”孔子这两句极富哲理的话把“和”与“同”作为判断是否“君子”的标准，“和”乃丰富多样，“同”则千篇一律；“和”是相生相克、相辅相成，“同”是相互重复、相互排斥；“和”是辩证法，“同”是形而上学。古希腊哲学思想中，人的观念与人的存在同样有着无比重要的位置，从苏格拉底“认识你自己”的箴言，到亚里士多德的“人是理性的动物”，形成西方最早的人文主义人性观。如果说，古希腊哲学对人性的探讨尚为含混，作为纯粹人学的儒家哲学则为白璧德提供了完备的思想资源。

中国儒家学说之中轴亦可谓“人性论”，涉及人性、人伦、人道、人格、人之文化、历史之存在与价值的探索与解答，两千年来的“独尊儒术”的权威倡导下，形成了远比西方人性观思想更为繁复的思想体系。儒家人性论主旨，先强调人有别于动物，倡导从道德理性方面培养人性的完善与自觉，促使人感性欲望向理性升华，同时这种道德性客观化于人伦日用之间，使人与人、人与物的关系，皆成为一个“仁”的关系。“和而不同”即是客观世界的真实反映，它准确地表述了世界的多样统一，认为事物总是在千差万别中协调发展，所以在对待人与自然、人与人的关系上，始终把“和谐”作为尺度。白璧德在中西文化背景下提出，善恶间的矛盾首先不是存在于社会，而是存在于个人，如前所述，他指出在人身上有一种能够施加控制的“自我”，和另一种需要被控制的“自我”。这两种“自我”就是所谓理性与欲望。放纵欲望必产生恶，理性节制则导恶向善。理性与欲望的冲突，已被先哲形象地称之为“窟穴里的内战”，说明冲突的内在深藏、原始、与生俱来，至死方息。这种状态也被视为“人性的生活”，提炼概况为“人生三境界”说，它告诫人们必须不断地反观自我、提升境界、追寻大道、承担职责，这不仅是人类一分子的职责，也是万物灵长的职责。在自然的境界里，人与禽兽无多大分别，而在人性的境界里，人不仅仅以欲望的满足为目的，还意识“道德的价值”（moral value）的重要性。超凡入圣的宗教第一境界、“性善恶二元”第二境界、“自然状态”第三境界之间，一直处于无休止争论中。白璧德指出，如果说科学要侵噬人性的领域，自然人性论则会造成人精神世界更大的混乱，最终导致社会的无序和一切规范的丧失。因此他一生都在不遗余力地批评卢梭，指责“回归自然”的“人道主义”，竭力想回复古希腊时期清明理性的美好社会。作为一个西方人，基督教精神自然渗入白璧德思想的血脉中，他曾说苏格拉底与卢梭的区别，是哲学家与智者的区别。站在宗教意义上，即从“更高意志”上的神性与世俗的不同角度上，我们也可以说，白璧德与从未与神灵对话的梁实秋之间，也存在着哲学家与文学天才的区别。

李长之（1910—1978）在《德国的古典精神》序言中，称世界文明史上有三个令人向往的时代：古希腊、中国的先秦、德国的古典时代。[①]儒家学说的一个重要范畴——人性善恶二元论即发轫于先秦时期。在政治大变革、社会大动荡时期，先哲们从人本身来思考社会问题的根源，出现了以周人世硕为代表的人性有善

梁实秋在 1939 年

① 李长之：《德国的古典精神》序言，济南：东方书社，1943 年。

有恶的人性论思想。王充（27—约97）说，世硕认为“人性有善有恶，举人之善性，养而致之则善长；性恶，养而致之则恶长。如此，则性各有阴阳，善恶在所养焉。”（《论衡·本性》）

进入汉唐后，在人性二元论的基础上，董仲舒（前179—前104）的“性三品”说发挥了先秦孔子“中人以上，可以语上；中人以下，不可以语上”（《论语·雍也》）的思想，把人性分为三种：“圣人之性，不可以名性。斗筲之性，又不可以名性。名性者，中民之性，中民之性，如茧如卵，卵待复二十日而后能为雏，茧待缫以治汤而后能为丝，性待渐于教训而后能为善。善，教诲之所以然也，非质朴之所能至也，故不谓性。”（《春秋繁露·实性》）在董仲舒看来，没有抽象的统一的人，相应地，也就没有普遍的人性，人有上、中、下三等，也即圣人、中民和斗筲之人之分，相应地，人性就有上等人之性、中等人之性和下等人之性三类，也即圣人之性、中民之性和斗筲之性之别。由此可知，董仲舒所言的人性不是孔子、孟子、荀子等儒家先贤所言的普遍的人之性，而是部分人的性，也就是说，“中民之性”才是他所要讨论的人性。孟子、荀子认为人在人性面前是平等的，所有人的人性包括圣人和小人的人性是相同的。董仲舒则认为人在人性面前是完全不同的，人的类别、等级不同，其人性也是不同的，人的差别首先就是人性的差别。先秦至汉唐，人性善恶二元论、性三品说，基本上仍是一种道德自制范式，倡导善之性对恶之性的节制，这种“节制”与宋明理学有重要区别。

宋明时期，人性论思想有了进一步发展，在“二程”（程颢1032—1085；程颐1033—1107）和朱熹（1130—1200）时期形成基于“理”与“欲”之辩的理学。所谓“理”，既相当于今天所说的道德理性，又因吸收了道家的宇宙自然观念而具有了形而上的哲学本体意味，这时的“欲”，相当于情欲和物欲。宋明理学逐渐远离先秦儒家“以理节欲”核心观，认为“学者须是革尽人欲，复尽天理，方始是学”（《朱子语类》卷十三），走上了“理”“欲”对立的路径。

清代，戴震（1724—1777）提出“天理者，节其欲而不穷人欲也”[①]；“欲，其物；理，其则也”，“欲遂其生，亦遂人之生，仁也。欲遂其生，至于戕人之生而不顾者，不仁也。”[②]戴震认为，只有欲望本身实现时的邪和正的区别，没有理和欲的对立，欲是客观存在的事和物，理是该事物的规则，人人都有谋生的权利，也都有成全他人谋生的义务，也就是说，“欲”是人伦日常客观存在的事物，作为仁、义、礼的“理”不过是具体事物的法则。戴震用了“必然”和“自然”这一对范畴来进一步论证理、欲关系，形成了具现代意义的人性论思想。

中国儒学传统自先秦一直到晚清的人性论思想对中国文化产生了重大影响，其意义在于它建构了中国人尊理性、崇道德、倡节制的伦理精神。同样，西方的人性论各学派有着不同主张，但基本上是天人关系、人神关系、人性既可堕落也可超升两种可能性的原罪论。其各派别大致有自然人性论：斯宾诺莎（1632—1677）、霍尔巴赫（1723-1789）、莫尔（1478-1535）；灵魂决定人性论：毕达哥拉斯（前580—前500）；人性本善论：苏格拉底、拉伯雷（1494-1553）；善本体论：柏拉图；人性在于理性论：亚里士多德；幸福快乐即至善论：伊壁鸠鲁（前341—前270）；神性至善论：奥古斯丁（354—430）；理性即人性论：但丁（1265—1321）、莱布尼兹（1646—1716）；人性善与恶两种趋向论：培根；人性自私论：霍布思（1588—1679）、洛克（1632—1704）、休谟（1711—1776）；唯理论的人性论：笛卡尔（1596—1650）、康德；法即人性论：孟德斯鸠（1689-1755）；物欲即本性论：伏

① 《孟子字义疏证》，《戴震集》，上海古籍出版社，1980年，第265页。

② 同上，第273页。

尔泰（1694—1778）；天赋人性论：卢梭；思想决定人性论：黑格尔（1770—1831）等。

白璧德参照中西哲学精神提出，人若真正是人，便不能循着一般的“我”来自由扩张活动，而要以自律的功夫使这一般的“我”认识“轻重、本末”，正如伊壁鸠鲁（前341—前270）早就告诉我们：“德行”除非是指“追求快乐时的审慎权衡”，否则它便是一个空洞的名字；康德说得更明白，“我们所有的知识都开始于感性，然后进入到知性，最后以理性告终。没有比理性更高的东西了。”孔子的“克己复礼为仁”、“中庸”、“自律”等原则与西方理性精神成为白璧德所提倡的新人文主义的基本支柱。

康德有句被誉为人类思想史上最气势磅礴的名言，镌刻在他的墓碑上：“有两种东西，我对它们的思考越是深沉和持久，他们在我心灵中唤起的赞叹和敬畏就会越来越历久弥新，一是我们头顶浩瀚灿烂的星空，一是我们心中崇高的道德法则。”[①] 20世纪早期的中国知识群体，尤其是在“五四”新式学堂中成长起来的莘莘学子，对儒学的接受和亲近，不再囿于科举入仕的压力，而是好之者和乐之者的性情投合。梁实秋在清华求学时期，主动参加孔教会，呼吁清华学子捍卫东方文化，是对儒家文化自觉认同的表现。从这点上，我们可以窥出梁实秋后来接受白璧德人文主义思想的必然。“五四”新文化运动的激情与反叛，引发了吴宓、蒋光迪、胡先骕、汤用彤等人的疑虑与思考，他们先于梁实秋受教于白璧德门下，新人文主义成为他们探索中国现代文化的现实与未来的理论资源。“学衡派”同当时各类“国粹主义”“复古主义”相异，实际上与倡导“文学革命”的“新文化派”一样，旨在研究现代中国文化的发展道路。换言之，他们并不全出自于对传统的缅怀，而是持一种发展中的文化理想；他们无意将中国拉

① 引自康德《实践理性批判》的《结论》，北京：商务印书馆，1960年。

回到古老的过去，也无意把中国文化（文学）的未来断送在“复古主义”的梦幻中。吴宓指出“欲窥西方文明之真际及享用今日西方最高理性者，不可不了解新人文主义”。[①]学衡派的一些观点其实正好与“五四新文化派”相互补充。然而，他们在面对新时代（包括新文学）的真切现状存在若干隔膜，其主张自然没能获得新文化舆论的支撑。

在建构文学批评话语立场上，梁实秋越过踌躇不定的模糊现状，有的放矢直接立足于文学，指出文学的精髓是人性的描写，而人性乃测量文学的唯一标准，把“人性”视作解决文学上一切问题的钥匙。梁实秋极为看重“内在制裁”的节制与“外在权威”束缚之间的力量角逐，他说，文学的力量，不在于开扩，而在于集中；不在于放纵，而在于节制。新古典派所订下的许多文学的规律，都是根据于节制的精神，但是那些规律乃是“外在的权威”（outer authority）而不是“内在的制裁”（internal check）。把“外在的权威”打倒，然后文学才有自由；把“内在的制裁”推翻，文学就要陷于混乱了。[②]梁实秋所强调的理性“节制”并不认同新古典主义生硬的禁欲主义观，认为新古典派所订下的许多文学的规律，是“外部权威”而不是“内部的制裁”，他立于“纯正的古典的观察点”，坚信“文学里有超于规律的标准”，这就是他的“文学的纪律”，其核心仍为理性节制精神。移居台湾后，历经岁月沧桑的梁实秋在情绪上逐步趋于平淡，思想上更趋向中庸，对“人性”概念的具体指涉上，他说：“所谓’人性’是什么呢？一方面，人性乃所以异于兽性，人有理性，人有较高尚的情感，人有较严肃的道德观念，这便全是我所谓的人性。在另一方面，人性乃一向所共有的，无分古今，无间中外，长久的普遍的没有

① 吴宓：《穆尔论现今美国之新文学》译序，《学衡》63期。

②《文学的纪律》，载《文学的纪律》（文论集），上海：商务印书馆，1928年。

变动。人的生活形式，各地各时容有不同，所呈现的问题亦容有不同，但是最基本的人性则随时到处都是一样的。”[①]并执着地认为，“文学的终极目的是人性的描写刻画”，作品的“伟大之处不在于问题的提出，而在其对人性发掘的深度”；“既不是宣传说教，也不是低级趣味，更不是逃避人生，而是严肃的对付人生，深刻的发掘人性。”[②]

《中庸》云：“万物并育而不相害，道并行而不相悖”；赫拉克利特主张“万物皆动”，“万物皆流”，莱布尼兹哲学中则有句名言：“世界上没有两片叶子是完全相同的”；海纳百川，有容乃大，立足“文化自觉”，尊重他者，尊重差别，实现多元文化互补及传统文化的综合创新，乃是理性而现实的态度。梁实秋的文学批评以人性论为核心，以价值的估定和伦理的选择为手法，形成稳健、严肃、纯正的审美风格，他认为达到以上标准的文学作品才会被读者所长期欣赏，其灵魂在歌唱。

第三节 “五四”的“他者”

“五四”运动极大地震动了整个中华民族的生命意识和生存观念，在这场运动中中西古今的文化冲突达到了高潮。中西文化存在差异之事实，不管是“异质”论还是“同质”论都承认，但这种差异的实质何在？中西文化孰优孰劣？对此的认识又大相径庭。与中西文化之差异的比较相关联的是如何看待新旧文化的关系，“异质”论持有者如陈独秀、胡适、鲁迅等看来，“新”就是西方文化，“旧”就是中国固有文化。这两种文化是不相容的，由于西方文化优于中国文化，所以新胜于旧，今胜于古，于是主张

① 梁实秋：《文学讲话》，台北《自由青年》1951年。

② 同上。

破旧立新或弃旧图新。胡适认为，如果我们还想把中国整顿起来，希望中国在世界上有自己的地位，唯一的出路就是“我们自己必须承认我们自己百事不如人，不但物质上不如人，不但机械上不如人，并且政治社会道德都不如人”。[①]陈独秀则直接表示：“若是决计守旧，一切都应该采用中国的老法子，不必白费金钱派什么留学生，办什么学校，来研究西洋学问。若是决计革新，一切都应该采用西洋的新法子，不必拿什么国粹、什么国情的鬼话来捣乱。”[②]相应地，“同质”论则认为这种差异是“中外（类型）之异”，如梁启超、梁漱溟、吴宓等持此论，认为新旧是一个历史的范畴，其涵义因时、因地、因内容的变化而异。最早由张之洞提出了“旧学为体，新学为用”口号，[③]梁漱溟则力辟时论，旗帜鲜明地肯定东方文化尤其是儒家文化的时代价值。他以独创的文化多元论来反对当时西化论的文化一元论，分析说，西方文化是“以意欲向前要求为其根本精神”，[④]中国文化是“以意欲自为、调和、持中为其根本精神”，印度文化则“以意欲反身向后要求为其根本精神”。[⑤]他强调尽管中国在物质文明方面的成就远不如西方，但在精神文明方面却具有西方文化不可比拟的优长。

梁启超的新文化观则提倡从本质上创造以中国文化为本位的新文明。1921 年，他在南开讲授“中国文化史”课时说：“世界其他部分之文化民族其与我接触交通之迹何如？其影响于我文化者何如？我文化之影响于彼者又何如？”[⑥]凡谈及中西文化的地方，他不使用“文明”这个词，而改用“文化”，更加注重从文化

① 胡适：《请大家来照照镜子》，《胡适文存三集》卷一，1928 年。

② 陈独秀：《今日中国之政治问题》，《独秀文存》，安徽人民出版社，1987 年，第 152 页。

③ 张之洞：《劝学篇·设学》，上海书店出版社，2002 年，第 41 页。

④ 梁漱溟：《梁漱溟全集》，第 1 卷,济南：山东人民出版社，1989 年，第 353 页。

⑤ 同上，第 525-526 页。

⑥ 梁启超：《中国历史研究法》，第 1 章，中华书局，2009 年。

“整体”的角度去考量。在文学上，梁启超亦强调即使改革与革命也要“以旧风格含新意境”、“铸新理想以入旧风格”和“独辟新界而渊含古声”，[①]他认为中国长诗不及西人，“如莎士比亚、弥尔敦、田尼逊等，其诗动亦数万言。伟哉！勿论文藻，即其气魄固已夺人”，中国“长篇之诗，最传诵者，唯杜之《北征》、韩之《南山》”，“然其精深盘郁雄伟博丽之气，尚未足也。”[②]关于宗教，他说：“古代各国皆行多神教，或拜下等动物者，所在皆是。中国前古，虽亦多神，然所拜者，皆稍高尚而兼切于人事。” 在伦理上，他指出：“伊壁鸠鲁”的极端“利己主义”是为“邪说”，将会导致“社会灭亡”；中国墨子的“平等无差别之爱”，“实爱说中之极普遍、极高尚者”，然“实行颇多窒碍”。[③]

综而观之，在文化问题上，不管是持“异质”论还是持“同质”论，思考和企图解决的大致相同，即如何对待传统，如何引介西学，如何建设中国新文化等，换言之，也就是如何处理“中学”与“西学”、“传统”与“现代”的关系问题。胡适虽是“异质”派，但他并不是个“全盘西化”者，更没有“全盘性的反传统”，对待中国传统文化持的是“评判的态度”；相应地，吴宓是一个“同质”者，但他并不反对引进西方思想文化，也没有成为传统的卫道士，而是引进西方文化（文学）的先驱者。“五四”运动本质上是一场“人性”解放运动，“人性”和“生命意识”的张扬，必然带来文学创作主体和作品情感的解放，整个中国文坛呈现出浪漫激越的格调，创作的强烈目的性与中国现代社会变革需要相结合，推动中国文坛呈现高扬蹈厉、峻急汹涌的态势，人们的情感在震动中以高昂和激越的形式释放，于是，新文学在自然人性论取代传统伦理束缚的基础上产生，人的自然本性获得了空

① 梁启超：《饮冰室诗话》，人民文学出版社，1959年，第1、2、51页。
② 同上。
③ 同上。

前的承认。“五四”时期有了陈独秀、胡适在文化思想上的倡导、周作人对人本能欲望的肯定、鲁迅在文学上的领军，新文学与传统文学面目迥然有异。

“人性论”这个经久不衰的话题，在“五四”时期，作为西化思潮代表人物的周作人，提出了“人的文学”的观念，与梁实秋人性观有某些趋同，他们都强调人的“自由”，都认为人性需要理性调控。但是，二者又有明确区别，梁实秋更重视人性中的理性，即重视共享的伦理价值观和一整套的标准，换言之，梁实秋在强调“个性”自由的同时，更重视蕴含其中的社会共有价值。而周作人则更崇尚含有悖论的“自然人性论”，不过，他的“人学”追求，对旧传统构成了极大挑战，在当时可谓空谷足音。周作人在《人的文学》里有这样一段话：“我们承认人是一种生物，他的生活现象，与别的动物并无不同。所以我们相信人的一切生活本能，都是美的善的，应得完全满足。凡有违反人性不自然的习惯制度，都应该排除改正。”[①]关于灵肉关系，他解释说：古人的思想，以为人性有灵肉二元，同时并存，永远冲突。肉的一面，是兽性的遗传；灵的一面，是神性的发端。人生的目的，便偏重在发展这神性。其手段，便在灭了体质以救灵魂。所以，古来宗教大都厉行禁欲主义，有种种苦行，抵制人类的本能。一方面却又有不顾灵魂的快乐派，只愿“死便埋我”。其实两者都是趋于极端，不能说是人的正当生活。到了近世，才有人看出这灵、肉本是一物的两面，并非对抗的二元。兽性与神性，合起来便只是人性。周作人提倡“自然人性”的满足，为此对被中国文化视为禁区的“性”观念进行了反驳，借助英国安特路·朗（Andrew Lang，1844—1912）的人类神话学和蔼理斯（Havelock Ellis，1859－1939）的性心理学理论，向国人推介科学的艺术的性学观，勇敢地谈性

① 周作人：《艺术与生活·人的文学》，长沙：岳麓书社，1989 年。

论爱，推进了中国人性解放的追问。正因为此，当郁达夫的小说《沉沦》遭到舆论界及卫道士们的狂乱轰炸时，周作人挺身而出，为《沉沦》做出了人性立场上的解读："非意识地展览自己，艺术地写出升华的色情。"周作人在这里谈的虽然是"人性"，其真正的目标却是指向道德。他说"个人的个性既然是各各不同，（虽然在终极仍有相同之一点，即是人性）那么表现出来的文艺，当然是不相同。现在倘若拿了批评上的大道理要去强迫统一，即使这不可能的事情居然实现了，这样的文艺作品已经失去了他唯一的条件，其实不能成为文艺了。因为文艺的生命是自由不是平等，是分离不是合并，所以宽容是文艺发达的必要的条件。"[①]

可以看出，周作人与鲁迅、陈独秀不同的地方在于，他不仅从道德意义上肯定了自然人性，而且还意识到自然人性也需要"灵"（精神）的制约，因为人潜在的未释放出来的能量，在很大程度上充满了黑暗和光明的较量，有时缺乏明确的行动指向，不清楚应遵循什么原则或途径能真正解决或满足生存、安全感、性爱等基本需要。因此，他要求"自我"意识的恰当选择。总之，周作人所期待的灵肉一元，是他对传统文化中灵肉二元进行的折中调和，其贡献在于恢复了灵肉二元论中"欲"的地位，至于灵肉的和谐共存，顺应人性，则是带有很大的空想成分的。综而论之，周作人以《人的文学》为新文学运动奠基，胡适表述过的文学理想是"要有点儿人气、要有点儿人格、要有人味的、人的文学"。两位"五四"新文学的创建者所主张的人的文学，带着批判旧文学创造新文学的建设意义，张扬自然人性的释放和人道主义精神。而梁实秋的人性概念深受白璧德新人文主义"表现人性"，"尊崇理性"的影响，梁实秋的文学思想主要观点都在白璧德那里找到了源头。

---

① 周作人：《文艺上的宽容》，《周作人代表作》，北京：华夏出版社，1997年。

北京内务部街梁实秋祖居

“五四”意气风发自由不羁的时代精神，在梁实秋心目中泛起阵阵涟漪，然而，在灵魂深处从未引起他真正意义上的认同。他承认中国人因历来重礼法而“情感方面有偏枯的趋势”，[①]也认为情感应该得到解放，“解放”有利于人们走出自身的小圈子，获得更广阔的人生视野。但是，“五四”新文学总趋势被激情所控，敏锐的文学青年们放恣地抒发性与情，故被梁实秋指责为“不道德”。他指出“情感就如同铁笼里猛虎一般，不但把礼教的桎梏重重的打破，把监视的理性也扑倒了。这不羁的情感在人人的心里燃烧着，一两个人忍不住写一两首情诗，像星火燎原一般，顷刻间人人都在写情诗”，[②]其结果是要么流于“颓废主义”，要么流于“假理想主义”。那些描写情欲的文学，尤其“性的苦闷”的抒写，虽说无疑是“五四”新文学创作题材的一个突破，是对封建礼法的最大冲击，打破了古近代艳词及小说中极少触及人的心理

① 梁实秋：《现代中国文学之浪漫的趋势》，1926 年 3 月 25、27、29、31 日北京《晨报·副镌》；收入《浪漫的与古典的》（评论集），上海：新月书店，1927 年。

② 梁实秋：《现代中国文学之浪漫的趋势》。

世界的性行为描写格局， 但是，这在梁实秋眼里仍是耽于声色肉欲的“颓废主义”，以激发自己和别人的冲动为能事，因而是“不道德的”“文人无行”。包括新诗在内的创作也遭到梁实秋的责难，说“近年来情诗的创作在量上简直不可计算。没有一种报纸或杂志不有情诗。情诗的产生本是不期然而然的，到了后来成为习惯，成为不可少的点缀品。情诗成为时髦”[①]。对于小说，梁实秋则指认有“道德的严重性”问题，并撰文把崇尚“自然人性论”的卢梭称为“最无行的文人”，把“纵酒”、“狎妓”、“不事边幅”、“放荡不羁”、“狂倨无礼”[②]及西方堕落文人的恶习，如“色情狂”、“夸大狂”、“伤感”、“被迫狂”、“显示狂”、“骇世震欲”、“性欲横流”[③]等，斥为“文人无行”。

梁实秋所谓“假理想主义”，是指19世纪末西方流行的现代主义创作手法，以怪诞不羁为特征，在这些文人中，有的人又用所谓忏悔的方式变为“真诚的英雄”，其实是“无行的文人中之最无行者”。[④]梁实秋说“是在浓烈的情感紧张之下，精神错乱，一方面顾不得现世的事实，一方面又体会不到超物质的实在界，发为文学乃如疯人的狂语，乃如梦呓，如空中楼阁”[⑤]，他们之所以无行，就是不服从“德行的标准”，“以为在生活上无妨随便一点自由一点通融一点”，[⑥]同时跟一般人的同情分不开，把文人“纵饮”看作豪放，把文人和别人的夫人姘识，和女侍者一见倾心，和贤良妻子离婚，以及引诱良家妇女，看作“文人多情，正应如此”，甚至以为“在性方面有了这样充分的丰富的经验之后，文人

① 梁实秋：《现代中国文学之浪漫的趋势》。
② 梁实秋：《文人有行》，上海：《新月》月刊，第1卷第2号，1928 年 10 日。
③ 同上。
④ 同上。
⑤ 梁实秋：《现代中国文学之浪漫的趋势》。
⑥ 梁实秋：《文人有行》。

就可以写香艳的诗词了，可写伤感的小说了，这都是对于文学的贡献。”[①]梁实秋指出，真正的“文学的源泉”，并不在于“文人无行”，而是“文人的修养在于生活之充实者，甚为重要”，梁实秋集中了他对文学、对社会、对人生的观点，以此来印证在理性状态下表现出来的人性才是最标准的人性，在理性规范下所创作出来的文学才会具有永久价值。情感若在量上不加节制，作者的人生观上必带着“人道主义”的色彩，而“人道主义”的出发点就是“普遍的同情心”，是基于一个极端的假设，就是“人是平等的”。同情心是要的，但不能普遍的同情，平等的观念在事实上是不可能的。重情感的浪漫主义者，因情感的驱使，不能不流为人道主义者。梁实秋所谓“充实的生活”，“并不是说各式各事的生活都要尝尝试试”，而是指“想象能力的养成，养成一个敏锐而有纪律的想象力，以之观察人性的错综万态，以之寻求人性的普遍永久，如此生活自然充实。”[②]相反的是，“行为上的放荡不羁并不能使文学的创作增加材料，其流弊或者反足以扰乱文人的心，使成为浅薄恣肆”，因而，“要做文人，先要做人”。[③]梁实秋与“五四”新文学的对立也因此形成。

1927年—1934年，是梁实秋评论生涯的巅峰时期，此时的他正值而立之年，年富力强且思想日渐成熟，接连出版了《浪漫的与古典的》、《文学的纪律》、《文艺批评论》、《偏见集》等文艺理论专著，全面阐述了他的文艺观，其中蕴含两个基本点，一是文学要表现现实人生中的人性，一是这人性应是理性的和伦理的。文学的精髓在其对于人性的描写，伟大之文学家能洞悉人生的奥秘，能彻悟人性之最基本的所在，所以文学作品之是否伟大，要看它所表现的人性是否深刻真实。文学的任务即在于表现

① 梁实秋：《文人有行》，上海：《新月》月刊，第1卷第2号，1928年10日。

② 同上。

③ 同上。

人性，使读者能深刻了解人生之意义。伟大的诗歌，内容是人性的描写，小说、戏剧、散文等其他文体也是如此，永久的共同的人性是文学的最佳选择，只有表现了这种常态的人性，文学才有价值，才会永久。在梁实秋的文学观中，人性不仅成为文学创作的基本内容，也成为文学研究与批评的准绳。从而建立起一套独自的古典主义文学理论体系，奠定了他在文坛的牢固地位。

梁实秋追求的是一种古典主义的终极，他从文学的本质、创造、价值与效用四个方面展开论述，其观点是从建构文学本体出发而不是作为启蒙文化思潮来倡导人性，也正是站在理性的制高点上，他不但与“五四”初期所倡导的“人性”相区别，对于同属自由主义思潮的印象主义、象征主义、唯美主义也大不相同。前文已述，在文学的本质这个关键问题上，梁实秋主张人性接受理性的指导，理性对个人的冲动和欲望加以内在的控制，和谐标准的人性只是在理性的生活里方能实现，常态的人性与理性的节制相结合，才能产生健康尊严的文学，才能产生伦理的效果。在这一时期的文章里，梁实秋从新诗、散文的艺术讲到现代小说和戏剧的问题，从研究文学的方法讲到文学批评的标准，从反对浪漫主义到阐释古典主义的意义，人性问题是他论述文学的前提与基石，不但要驾驭滥情的浪漫的感伤主义的情感，而且还要节制使人性变态的猎奇式的想象，抵御片面的畸形。那么他人性的具体内涵到底是什么？他引用《柏拉图对话》来说明文学的价值在于它的健康、秩序、和谐，类似于亚里士多德的“净化”，而不是“在于激发读者的热狂，而在引起读者的情绪之后，予以和平的宁静的沉思的一种舒适的感觉”。就他的表述来看不是指喜怒哀乐的情感现象，而是一种情感本质：“高贵的单纯，静穆的伟大。”梁实秋虽然将人性归结为永久不变的喜怒哀乐的情感，却排斥情感的社会内涵，强调不关涉具体内容的情感本质，或者说是越过现象世界的理想中的最高境界，是亚里士多德《诗学》中所讲的“真”和“理想”。但人性毕竟是个抽象的概念，梁实秋在具体论述中有时等同于理性，有时认为是喜怒哀乐的情感，有时排斥自然人性，有时又将人的自然属性与社会属性杂糅在一起，“梁实秋没有进一步阐述他整个文学理论中作为基石的‘人性’概念，这个概念对于他，就像现在我们对20年代及以后时期的中国批评家一样，无疑都是难以解释的“自在之物”。梁实秋的文学理论多是在论战过程中产生，以辩论的方式表白自己启发别人，论战双方最后没有胜利者，清者自清，浊者自浊。

在一元语境渐失市场的今天，从旁观者角度来打量曾经的同台较量，颇有意味。梁实秋最重要的辩论对手是鲁迅，他们除了就“卢梭还是白璧德”、“硬译还是曲译”等发生冲突外，最引人注目的是关于“阶级性”、“普罗文学”的争论。“普罗”系法语“普罗列塔利亚”（prolétariat）的音译，意思为“无产阶级”。“普罗文学”虽源自法国，却在苏联繁荣起来并纳入了“大众”的含义。普罗文学遵循现实主义文学创作原则，强调文学为政治服务，是政治经济的产物，并受到普列汉诺夫（1856—1918）等人推崇。中国左联也非常注重它的政治功能，并一度成为主流。

就在大家津津乐道于此道的时候，梁实秋发出了广受争议的“杂音”。他认为，文学家什么时候都不接受任谁的命令，都应该保持独立。针对国民党的文化专制主义，梁实秋的批评也相当尖锐。当他看到左翼文学的宣传性与工具性的时候，他批判左翼文学；当他看到国民党政府对左翼文学绞杀的时候，他也强烈地抗议。他说：“普罗文学的理论，是有不健全的地方，可是他的理论并非全盘错误，实在它的以唯物史观为基础的艺术论有许多点是颠扑不灭的真理，并且是文艺批评家所不容忽视的新贡献。即使反对普罗文学的人也该虚心地去了解它，然后才能有公正的判断”。梁实秋从自由主义立场出发，对左翼文学给予很大的同情，并表示这不是示惠于人或故作公正，而是不符合思想自由文化自由的原则，“凡赞成思想自由文艺自由的人，对于暴力（无论出自何方），是都要反对的”；“思想是不能统一也不必统一的”，思想只对理智负责，对真理负责，反对任何党派任何阶级对思想言论的钳制，维护创作的自由。

对于中国传统文学，前文已述，梁实秋也持批判态度。在他看来，儒家文学完全是一种载道的功利文学，不具备现代精神品格。他所秉持的文学理论，汲取中国的儒家伦理学说、古希腊以来的西方哲学理论所推重的人性，构成了文学批评精神内核，外化为先在的期待视野，其思想理论也迎合了所期待的西方古典主义文学思潮观，故有人称他是“中学为体，西学为用”的传统的中国读书人。梁实秋自觉传承中国文化，取法儒学，同时不为所限，其核心是立足“中国本位”的思考关怀，他说“一切的文学运动都是对于原来的文学传统加以修正的，总是针对当时文学之弊而加以改进。就是介绍外国的文艺思潮，也无非是供作借鉴，以为参考之用。而且文学运动总是以文学为主体，文学范围之内的运动”。[①]由此，上启中国先秦儒家思想，下承西方古典文学理论体系新格局，推动中国文学“更上一层楼”。这也是20年代现代新儒家们在复兴传统文化时所采用的治学路径，只不过各有侧重而已。

梁实秋以“古典主义”为正统，“欲救中国文学之弊，最好是采用西洋的健全的理论，而其最健全的中心思想，可以‘人本主义’一名词来包括。由亚里士多德所代表的古典主义，经过文艺复兴时代，以至于十七八世纪之新古典主义，十九世纪后半叶对浪漫主义运动的反动，这个绝大的西洋文学主潮都是在人本主义的范围之内。”[②]于是，“五四”新文学成为梁实秋文学批评的首

① 梁实秋：《忆〈新月〉》，载《秋实杂忆》，台北：传记文学出版社，1971年。

② 梁实秋：《现代文学论》，载《偏见集》（评论集），南京：正中书局，1934年初版；收入《梁实秋文集》第1卷，鹭江出版社，2002年，第399页。

选目标，他所言的“古典的”与“浪漫的”两个名词，不过是标明文学里最根本的两种质地，“古典的”与“浪漫的”替代了“理性”与“情感”的表述。同理，梁实秋对“古典”的尊崇也是基于自己的理性立场来强调自己的理性态度，“古典主义”这一舶来词，新文化时期是从“顽固”和“保守”的意义上来鉴定它的，梁实秋实则是从西方古典主义推崇理性的视角来取用这个词。实际上，古今中外的文学都可分两个主要的派别，即“古典的”与“浪漫的”，“浪漫主义”一词在梁实秋视域中有宽泛的涵义，所有注重情感、宣扬情感的文学统归浪漫主义的门下。极端的情感观是梁实秋最不能容忍的，在他看来，以纯正的古典主义为观察点，在感性与理性二者之间要体会得一个“中庸之道”。正如白璧德所指出：“出于最实用的目的，适度的法则是最高的人生法则，因为它限制并包含了所有其他法则。”[①]

中国儒家传统中，理性“确切地说是一种伦理，所谓“克己复礼”体现的正是这种“适度的法则”和“最高的人生法则”，即“中庸”精神，它的含义是“无过无不及”，重点是在“无过”，侧重于反“过”，在充满“狂狷”的现实社会自有其明确的现实指向。梁实秋多次在文中提到阿诺德的一句话：“沉静的观察人生，观察人生的全体”[②]，在阿洛德看来，文化的起源来自于对完美的爱好和研究，完美乃是一种规律的完善，是在理性的推崇下产生。理性沉静地观察才能避免冲动和过度地浪漫。闻一多的名言诗是“戴着脚镣跳舞”，也可作此说的最形象的解读。李长之《德国的古典精神》序言中，除了提出“三个伟大时代”，还指出了“三个最不能妥协的思想”，即唯物主义（不承认，至少是低估了人的价值）、宿命主义（放弃了自己的责任）、虚无主义（关闭了理想

① 白璧德：《什么的人文主义？》，美国《人文》杂志社编《人文主义：全盘反思》，北京：三联书店出版，2003年，第16页。

② 梁实秋：《现代文学论》，载《偏见集》（评论集），第291页。

的通路）。历史常常惊人地相似（黑格尔语），这三个主义在现代又再度盛行，唯物主义表现为赤裸裸利益至上和欲望主义，宿命主义退化为“精神比矮”运动，虚无主义则扩展为放肆嘲讽一切与直接满足无关的价值，它们联手完成了告别理想主义。

梁实秋标举“理性”的衡尺，其人性论立足于文学本体，追求文学的本真与纯粹，致力于健全人格的培植和人的内在品性的修养，强调文学作用于人的根本目的以及它在形成人的观念和态度中的影响，带有超功利的性质。他试图以人性的标准为新文学的健康发展提供一条路径，在时代对文学提出功利要求的背景下，执着坚守、特立独行，为推动中国文学现代化做了有益的探索。梁实秋的人性论思想是在二三十年代主流文学之外建构的，尽管他所立足的人性是先验的抽象的人性，限制了文学作品所表现的生活的容量，过分强调理性也易造成文学作品的拘谨，但是，从文学的角度看，这种探索与努力应该是文学这一广阔空间中的自由之声。以“人性”这一标尺，整饬一向不可撼动的原则，梁实秋将之概括总结为：“西哲理性自制的精神，孔氏克己复礼的教训，释氏内照反省的妙谛。”[①]如果文学不能赞助人的实现与提升，它还有什么理由存在？

① 《“新月”前后》，台北《联合报》副刊，1977年10月4日。

第五章 “雅舍”

旅客不得不敲遍每一个陌生人的屋门，才能敲到自己的家门，人不得不在外面的世界到处漂流，最后才能抵达最深处的神殿。

泰戈尔:《吉檀迦利》

中国20世纪文学批评史的整体格局中,梁实秋的文学批评以一种异于主流的话语姿态，形成一种有意味的“互补”对峙。他身上浸淫着西方文化和中国新文化运动的洗礼，不仅是著名的现代文学评论家，也是一位有着世界眼光、史家视野、传统文化情怀的当代散文大家。他以人性为基础，对“五·四”时期为艺术而艺术的文艺观和功利主义文艺观进行了批判，认为文学的本质是描写人性，文学的价值在于陶冶性格、净化情感，完全脱离现实人生的浪漫主义是不可取的，而文学又不能与现实政治离得过近，失去文学的意义。强调文学的道德伦理功能，既能发挥文学干预人生的社会作用，又可避免急功近利地对现实直接参与，因此，梁实秋在功利派和超脱派之间找到了一个最佳角度，即对人进行伦理自觉的培养和做人方式的指导，这种既主张艺术相对独立，又强调实际意义的文艺价值观，典型地表现了梁实秋自由主义的文艺态度。今日反观，不难发现有超越历史时代的价值。

梁实秋多次说，文学不能救国，更不能御侮，唯健全的文学能陶冶健全的性格，使人养成正视生活之态度，人与人之间得以互相同情与谅解。20 世纪 30 年代初，他在主编《益世报·文学周刊》期间，曾翻译了马克思的作品《莎士比亚论金钱》，还撰写过《马克思与诗人》，通过马克思喜爱诵读歌德、海涅、莎士比亚等作家的作品，意在说明无产阶级领袖并不拒绝布尔乔亚文艺，“在这一点上，我们看出了一种主义一种运动之创始者与领导者，和他们的盲从的徒众，其间有多么大的分别。领导者的态度往往是开明的，而盲从者的态度往往是愚暗而态肆”。他因此说，不要把文学与阶级联系在一起，文学的任务在“于森罗万象的生活状况中去寻索其潜在的人性的动因”。他对文学的独特认识，对道德完善的要求，尤其对传统的重视，至今仍值得我们深思。

抗战时期梁实秋在重庆北碚购置的“雅舍”

毋庸置疑，那种有头无尾的人生旅行没有发生在梁实秋身上。对待生活对待事业的不懈怠，使得他越是到了晚年，渴望创造的生命火焰似乎燃烧得越旺盛。有评论者说他不是“著作等身”，而是“著作超身”；如同运动场上最优秀的运动员一样，以不可思议的热情和力量对待“天命”，向生命极限发起了挑战。他身上有鲜明的现代文化因子，更有着深厚的旧学渊源，人们看到的多为前者，即他接受西方文化的一面，后者学养的一面常常被忽略，实则他是一位从传统型不断向现代型位移又始终秉承传统文化的一个典型。之所以强调这一点，是因为如果忽略了这点，很可能会把他单纯地看成是一名“白璧德的门徒”。事实上，我们任何时候都需要一面“镜子”，甚至还需要竖立起一个“敌人”，找到一个参照物才能清晰地认识自身，反射自己不同形象。梁实秋文学价值观汲取了西方文化精神，更注重伦理之维的超越性指向：提倡建立核心价值体系，突破传统文化（文学）讽喻劝世的平面化说教，呼吁独立人格，蔑视奴性；重视内在的超越和终极关怀；希望科学思维和理性精神得到发育，建立良性循环的对话形态。“雅舍”[①]作品的出现，是梁实秋由关注外在转而向内转的结果，或者说是摆脱了外在事功的执迷，更加关注“人性”在日常中的点点滴滴。“雅舍”旁征博引，内蕴丰盈，行文简洁，重视文调，追求“绚烂之极趋于平淡”的艺术境界及文调雅洁与感情渗入的有机统一。洞察人生百态，文笔机智闪烁，谐趣横生，严肃中见幽默，幽默中见文采。晚年怀念故人、思恋故土的散文更写得深沉浓郁，感人至深，从而为中国文学的伦理意蕴敞开了一个新天地。法国哲学家兼作家加缪在 1957 年诺贝尔文学奖的致辞中说：“真理是神秘的，难以捉摸的，永远需要我们去把握。自由是危险的，它固然令人鼓舞，但同样令人感到难以驾驭。我们必须向着这两个目标前进，虽然面临痛苦，但依然坚定不移，做好在这漫漫长征途上迎接挫折的准备。哪一个作家敢于坦然地以美德的布道者自居？”他又说：“文学不能让我们生活得更好，但是可以使我们生活的更多。”我们和文学在一起的时候，可以突破时间空间的限制，心灵是自由的，飞翔的，文学不能提供我们物质的东

---

① 本书“雅舍”指代梁实秋《雅舍小品》文集，这些文集先后印有 300 多版，至今销售不衰，风行全世界。

西，但可以使我们的生活扩大，可以使我们的生命更长，可以使我们世界变宽。文学重视境界，散文则更甚，能不能达到一种境界，是能不能成为真正散文家的非常重要的标准。梁实秋的创作中西合璧且凸显本土文化，趋向于这一种境界。他说：

> 文学作品要经过时间淘汰，才能显露其真正的价值。有不少作品，轰动一时，为大众所爱读，但是不久之后环境变了，不复能再激起读者的兴趣，畅销书就可能变成廉价的剩余货，甚至从人的记忆里完全消逝。有些作品却能历久弥新，长期被人欣赏。时间何以有这样大的力量？关键在于作品是否具有描述人性的内涵。人性是普遍的、永久的、不因时代环境之变迁而改变。所以各个时代的有深度的优秀作品永远有知音欣赏。其次是作品有高度的技巧、优美的文字，也是使作品不朽的一个条件。通常是以 50 年为考验的时期，作品而能通过这个考验的大概是可以相当长久的存在下去了。这考验是严酷无情的，非政治力量所能操纵，亦非批评家所能左右，更非商业宣传所能哄抬，完全靠作品的实质价值而决定其是否能长期存在命运。①

“雅舍”是梁实秋这段话的检验者和成功实践者，体现了他一贯的“人性”主旋律。一个作家的目光要健全，要有自己的信念，坚信有爱，有温暖，有光明，就不会笔走偏锋，只写黑暗、丑恶；要写出冷漠中的温暖，恶狠中的柔软，毁灭中的希望，身处污泥盼有莲花，沦为地狱向往天堂。《雅舍小品》初版于 1949 年，收散文 34 篇；续集于 1973 年出版，收作品 32 篇；三集于

① 梁实秋：《徐志摩的诗与文》，《雅舍杂文》，北京文化艺术出版社，1998 年，第 80 页。

1982年出版，收作品37篇；四集于1986年出版，收作品40篇。四集合订本亦于1986年出版，共收文章143篇。在梁实秋去世的当年，即1987年出版了最后两集《雅舍散文》。“雅舍”不涉政治，不涉阶级，甚至不涉时代，却处处洋溢着勃勃生机，其睿智，幽默，隽永，深厚，耐读，令人在奥热中感到清凉，在漂浮里摆脱浮躁；或陷入沉思，或获得欢喜，有一种老朋友相遇的舒心和亲切感，让人们在轻松诙谐中体味到一种久违的静谧和安宁。其实“雅舍”没有什么骇人的话题，都是身边一抓一大把的事物，几乎篇篇抓住了“人性”七寸。

第一节　安时处顺

黑格尔说，世上不是缺少美，而是缺少发现美。所谓“雅舍”，即作者的居室。在抗战期间，梁实秋因避战火而到了重庆的北碚，与清华同学吴景超（1901—1968）夫妇合资在北碚买了一幢房子。由于房子筑在路边的山坡上，没有门牌，邮递不便，便用吴景超夫人龚业雅①的名字，将居室命名为“雅舍”。后来，他应邀在重庆的《星期评论》写专栏，每星期一篇，每篇2000字左右，以笔名“子佳”发表，共写了10多篇。后来《星期评论》停刊，又改在昆明的《世纪评论》上继续发表。这类文章题材海阔天空，信笔写去，雅洁凝练，娓娓道来，很受读者欢迎，抗战胜利前夕，龚业雅劝梁实秋出本集子。梁实秋便将散见于重庆、昆明报刊的文字辑为一册，命名为《雅舍小品》，专请龚业雅作序，将书稿交商务印书馆印行，终因纸张太贵而无法及时出版。移居台湾后，梁实秋把这份现成的《雅舍小品》给了台北正中书局。书一出版，立刻引起了轰动，一版再版，至今畅销不衰。当时，全世界除了

① 龚业雅是梁实秋三妹梁亚紫的北京女师大同学，为知己好友。

中国内地，凡有华人的地方就有《雅舍小品》，创下了中国现代散文作品发行最高纪录。20 世纪 80 年代后期《雅舍小品》开始在中国内地出版发行，“雅舍”读者群也越来越大。当年因发刊词中的几句话，梁实秋被扣了个“宣扬抗战无关论”的帽子。为了捍卫自己的文艺观而拉开散文创作的序幕，应该说这只是《雅舍小品》出炉的原因之一，最主要的根源当是梁实秋兴趣在此。1979 年，梁实秋在台北作《北碚旧游》怀念重庆的“雅舍”，这一年他 76 岁。

被美誉为“雅舍”居室，实乃冬不蔽寒风、夏难抵骤雨的陋室。由于依山而建，所以地面是倾斜的，正如重庆的地势。它位于半山腰，“下距马路约有七八十层的土阶，前面是阡陌螺旋的稻田。再远望过去是几抹葱翠的远山，旁边有高粱地，有竹林，有水池，有粪坑，后面是荒僻的榛莽未除的土山坡”。[①]在这样的环境里，梁实秋心气平和，苦中寻乐，不怨不怒，烦中求静，自开一天地，自立一境界，开始了将载入史册的创作。在梁实秋的笔下，“雅舍”月夜清幽、细雨迷檬、远离尘嚣、陈设不俗，令人心旷神怡，就是入夜鼠子瞰灯、聚蚊成雷，风来则洞若凉亭，雨来则渗如滴漏，也别有意趣，甚至大雨滂沱中“屋顶灰泥突然崩裂”的情景也如“奇葩初绽”叫人可观可叹。他这样写道：

> 孤零零的砌起四根砖柱，上面盖上一个木头架子，看上去瘦骨嶙嶙，单薄得可怜；但是顶上铺了瓦，四面编了竹篦墙，墙上敷了泥灰，远远的看过去，没有人能说不像是座房子。……‘雅舍’最宜月夜——地势较高，得月较先。看山头吐月，红盘乍涌，一霎间，清光四射，天空皎洁，四野无声，微闻犬吠，坐客无不悄然！舍前有两株梨树，等到月升

① 梁实秋：《雅舍》，《梁实秋散文》第 1 集，第 28 页。

> 中天，清光从树间筛洒而下，地上阴影斑斓，此时尤为幽绝。直到兴阑人散，归房就寝，月光仍然逼进窗来，助我凄凉。细雨濛濛之际，‘雅舍’亦复有趣。推窗展望，俨然米氏章法，若云若雾，一片弥漫。[①]

生活中不缺少诗意，而是缺少感受和发现，平凡人生只要善于体会、细心观察感悟，自然蕴含无限韵味无限生气。“雅舍”若有客来“则先爬几十级的土阶，进得屋来仍须上坡，因为屋内地板乃依山势而铺，一面高，一面低，坡度甚大，客来无不惊叹，我则久而安之，每日由书房走到饭厅是上坡，饭后鼓腹而出是下坡，亦不觉有大不便处。”[②]梁实秋在“雅舍”一直住到1946年秋，整整8年。赴台后，承重庆北碚开辟的路向，在台北“雅舍”，梁实秋继续谈天说地，述往思来，记游录胜，品茗论烹，赏花悦鸟。“雅舍”宛若坐落在世外桃源的殿堂，任他仰观日月，俯察红尘。

20世纪90年代初，重庆市因为城区改造，“雅舍”要被拆除。消息传出，文化界人士纷纷呼吁要求保留，著名作家冰心说：“雅舍因为进入了文学作品而不同凡响。”林海音、舒乙、李萱华等海内外作家和文史家也纷纷撰文论证“雅舍”应存在的价值，舒乙说：“我盼着雅舍的长存。在那小小的六间房间里，生活过一位爱国的现代文人，他写得一手好文章，虽然条件既简陋又艰苦，可是他却生活得很愉快。由六间房间中飘出的散文成了坚忍不拔、自信、乐观、潇洒和情趣的化身，为那民族生死存亡的关键时代刻上了可纪念的注解”。[③]在各界的关怀下，“雅舍”于2003年重新恢复，被重庆市政府定为市级重点文物保护单位终得以长存。

---

① 梁实秋：《雅舍》，《梁实秋散文》第1集，第27-29页。

② 梁实秋：《雅舍》，《梁实秋散文》第1集，第28页。

③ 舒乙：《寻找“雅舍”》，《人民日报·海外版》文艺副刊，1993年5月6日。

1948 年冬梁实秋（后排右二）在船上；前排左一为小女儿梁文蔷

翻开“雅舍”篇目，无不是千姿百态的人生世相，杂色缤纷，平和中有机警，得失中见超脱，显示了丰厚的知识储备和开阔的思路。读者往往会被梁实秋笔触之广所惊诧。“世事洞明皆学问，人情练达即文章”，从男人、女人、稚童、耆者，到猫儿、狗儿、鸟儿；从遛弯到放风筝；从喝茶到饮酒；从下棋到麻将；从牙签、手杖到洗澡、理发；谈友谊，谈时间，谈生死；柴米油盐、衣食住行、吃喝拉撒、花鸟虫鱼、人与物景象万千。最有趣的当是谈吃：佛跳墙、狮子头、烧鸭、豆汁儿，烧饼、油条、窝头、炸活鱼、饺子等、等，这些平日里的大众食物在梁实秋的描述下，看得直叫人口舌生津，在对民俗市井的审美关照中寄寓了一种从容、洒脱、旷达。如名篇《骂人的艺术》深掘细析国民心态：“知己知彼，无骂不如己者，适可而止，旁敲侧击，态度镇定，出言典雅，以退为进，预设埋伏，小题大做，远交近攻”[①]，十条内容令人击节赞叹。堪称哲思佳品的《谈友谊》、《谈时间》、《中年》、《老年》、《怒》、《旁若无人》、《玛克斯·奥瑞利阿斯——一位罗马皇帝同时是一位苦修哲学家》、《年龄》、《穷》、《快乐》、《怒》等，充满大智大慧，警示人们，勘破生死，生命有如石火风灯，命在须臾，应精进以求德业的完善，切忌怀抱“今朝有酒今朝醉”的态度去纵欲享乐；珍爱时间，因“时光不停地流转，任谁也不能攀住它停留片刻；“‘逝者如斯夫，不舍昼夜’，我们每天撕一张日历，日历越来越薄，快要撕完的时候便不免矍然以惊，惊的是又临岁晚，假使我们把几十册日历装为合订本，那便象征我们的全部的生命，我们一页一页的往下扯，该是什么样的滋味呢？‘冬天一到，春天还会远吗？’可是你一共能看见几次冬尽春来呢？……《淮南子》说：‘圣人不贵尺之璧而重寸之阴，时难得而易失也。’”[②]一个人“不管他是多么忙，一天当中如果抽出一小时来读书，一年就有三百六十五小时，十年就有三千六百五十小时，积少成多，无论研究什么都会有惊人的成绩。”[③]人生就是要在有生之年做自己喜欢做的事，善用上苍给我们的每一寸时光，享受自己所能享受的生活，充实自己，帮助别人。

“雅舍”中还说，人一般到了中年都很着急，“耳畔频闻故人死，眼前但见少年多……中年像是攀跻到了最高峰。回头看看，一串串的小伙子正在‘头也不回呀汗也不揩’的往上爬。再仔细看看，路上有好多块绊脚石，曾把自己磕碰得鼻青脸肿，有好多处陷阱，使自己做了若干年的井底蛙。回想从前，自己做过扑灯蛾，惹火焚身，自己做过撞窗户纸的苍蝇，一心想奔光明，结果

① 梁实秋：《骂人的艺术》，初版于 1927 年上海新月书店，收入《梁实秋散文》第 1 集，第 19-24 页。

② 梁实秋：《谈时间》，《梁实秋散文》第 1 集，第 275-276 页。

③ 梁实秋：《利用零碎时间》，《梁实秋散文》第 3 集，第 265 页。

落在粘苍蝇的胶纸上！这种种景象的观察，只有站在最高峰上才有可能。……西谚云：‘人的生活在四十才开始。’一些得天独厚的男男女女，年轻时候愣头愣脑，是未经琢磨过的璞石。可是到了中年，他们变得润泽了，容光焕发，脚底下像是有了弹簧……他们的生活像是在饮窖贮藏多年的陈酿，浓而芳冽！”[①]人生进入晚境，头发“由黑而黄，而灰，而斑，而毵毵然，而稀稀落落，而牛山濯濯，活像一只秃鹫。瓠犀一般的牙齿哪里去了？不是熏得焦黄，就是裂着罅隙，再不就是露出七零八落的豁口。脸上的肉七棱八瓣，而且还平添无数雀斑，有时排列有序如星座，这个像大熊，那个像天蝎。下巴颏儿底下的垂肉变成了空口袋，捏着一揪，两层松皮久久不能恢复原状。两道浓眉之间有毫毛秀出，像是麦芒，又像是兔须。眼睛无端淌泪，有时眼角上还会分泌出一堆堆的桃胶凝聚在那里。”但是，“老不必叹，更不必讳。花有开有谢，树有荣有枯”，老年“经过多少狂风暴雨、惊涛骇浪，还能双肩承一喙，俯仰天地间，应该算是幸事”。[②]

“雅舍”还说：“快乐是在心里，不假外求，求即往往不得，较为烦恼。叔本华的哲学是：苦痛乃积极的实在的东西，幸福快乐乃消极的根本不存在的东西。所谓快乐幸福乃是解除苦痛之谓。没有苦痛便是幸福。”[③]“梁任公先生曾说：‘人生最快乐的事，莫过于看着一件工作的完成。’在工作过程之中，有苦恼也有快乐，等到大功告成，那一份“如愿以偿”的快乐便是至高无上的幸福了。有时候，只要把心胸敞开，快乐也会逼人而来。这个世界，这个人生，有其丑恶的一面，也有其光明的一面。良辰美景，赏心乐事，随处皆是。智者乐水，仁者乐山。雨有雨的趣，晴有晴的妙。小鸟跳跃啄食，猫狗饱食酣睡，哪一样不令人看了觉得快

---

① 梁实秋：《中年》，《梁实秋散文》第1集，第100-103页。

② 梁实秋：《老年》，《梁实秋散文》第2集，第256-257页。

③ 梁实秋：《快乐》，《梁实秋散文》第3集，第193页。

乐？……有一回我住进了医院里，僵卧了十几天，病愈出院，刚迈出大门，陡见日丽中天，阳光普照，照得我睁不开眼，又见市廛熙攘，光怪陆离，我不由得从心里欢叫起来：‘好一个艳丽盛装的世界！’”①

梁实秋融入自身的人生体验，把我们每个人都常常遇到而又极难道明的事理，说得从从容容。人生不管贫富穷达，快乐就在心里，幸福其实是一种心理状态。“贫而能逐，穷而能送，何乐而不为？”②“人类最高理想应该是人人能有闲暇”，梁实秋这里所言的闲暇，并不是六朝人那种萧然若神仙的样子，而是说人人都能在生存之余有闲去发展他的爱好、智慧和才能，享受人生的丰赡与适意，所以，人只要生活得“快乐”就好。“雅舍”总是提醒在现实泥溷中打转的人们，偶尔也应该昂起头来喘几口气，轻松一下，愉快地感悟人生。做人要努力向着最高的境界走，人禽之别，系于一念。

“雅舍”几乎篇篇引经据典、旁征博引，充满了知性的光芒；时不时地穿插古今各种掌故、世界各地民俗，诗文及俚语。《旁若无人》篇，提醒人们做人行事不要越过道德行为底线，梁实秋从电影院部分观众的喧哗骚动谈起，述及日常生活中种种我们视而不见的恶习，最后用哲学家叔本华关于豪猪的寓言：“希望人形的豪猪时常地提醒自己：这世界上除了自己还有别人。”③文中有几个夸张的例子：“邻居有叟，平常不大回家，每次归来必令我闻知。清晨有三声喷嚏，不只是清脆，而且宏亮，中气充沛，根据那声音之响我揣测必有异物入鼻，或是有人插入纸捻，那声音撞击在脸盆之上有金石声！”用“清脆”、“洪亮”、“中气充沛”、“金石声”等词，对来自邻居的嚏嚷作辛辣的调侃，令人捧腹。

---

① 梁实秋：《快乐》，《梁实秋散文》第 3 集，第 193 页。

② 梁实秋：《穷》，《梁实秋散文》第 1 集，第 152-153 页。

③ 梁实秋：《旁若无人》，《梁实秋散文》第 1 集，第 114-115 页。

“雅舍”中，随处可见贬词褒用、褒词贬用及意味无穷的市井图像。《吃相》篇中，梁实秋说：“一位外国朋友告诉我，他旅游西南某地的时候，偶于餐馆进食，忽闻壁板砰砰作响，其声清脆，密集如连珠炮，向人打听才知道是邻座食客正在大啖其糖醋排骨。……这位外国朋友问我这是不是国内各地普遍的风俗，我告诉他我走过十几省还不曾遇见过这样的场面，而且当场若无壁板设备，或是顾客嘴部筋肉不够发达，此种盛况即不易发生。”笑声中，读者不仅看到那啃骨之滑稽状，也反思国人惯于公众场合大声喧嚣的习性。《握手》篇，从《后汉书》所记的“马援与公孙述少同里闾相善，以为既至常握手，如平生欢”的古礼，谈到英国狄更斯的《大卫·科波菲尔》中乌利亚那湿津津的冷冰冰的手，再到莎士比亚《哈姆雷特》波娄尼阿斯告诫其子“不要为了应酬每一个新交而磨粗了你的手掌”[①]的讲述，“借镜”反观，更是令人印象深刻。在《由一位厨师的自杀谈起》[②]中，从 38 岁的巴黎厨师阿兰·齐克因自己的饭店被权威刊物《米舍兰向导》降级而失望自杀谈起，告诫珍爱生命；《废话》[③]篇，以揭示陋习转引到作文须简练；梁实秋尤赞“四君子”共拥的“清华其外，澹泊其中”之风骨：“梅，剪雪裁冰，一身傲骨；兰，空谷幽香，孤芳自赏；竹，筛风弄月，潇洒一生；菊，凌霜自得，不趋炎热。”（《四君子》）“雅舍”所涵精神，既是东方的也是西方的，既是传统的又是现代的。

“雅舍”屡屡告诫人们不必汲汲于功名利禄，无须耽耽于富贵荣华，但求襟怀通达，心灵适意。“若然者，登高不栗，入水不濡，入火不热。”（《庄子·大宗师》）这个世界，有丑恶的一面，更有光明美好的一面，只要安时处顺，内情丰赡，人生自有无限

① 《梁实秋散文》第 1 集，第 84-86 页。
② 《梁实秋散文》第 2 集，第 239-243 页。
③ 《梁实秋散文》第 3 集，第 177-179 页。

乐趣，工作时工作，游戏时游戏，各随所好，各得其趣，这才是健全身心之道。譬如观棋，“笠翁《闲情偶寄》说弈棋不如观棋，因观者无得失心，观棋是有趣的事……但是观棋也有难过处，观棋不语是一种痛苦，喉间硬是痒得出奇，思一吐为快。看见一个人要入陷阱而不做声是几乎不可能的事。如果说得中肯，其中一个人要厌恨你，暗暗的骂一声‘多嘴驴’！另一个人也不感激你，心想‘难道我还不晓得这样走！’如果说得不中肯，两个人要一齐嗤之以鼻，‘无见识奴！’如果根本不说，憋在心里，受病。所以有人于挨了一个耳光之后还要抚着热辣辣的嘴巴大呼‘要抽车，要抽车！’”[①]读此，焉不大乐。

又如《书法》篇，当缓步迈入故宫博物院，见王羲之父子的真迹如行云流水，“纤纤乎似初月之出天崖，落落乎犹众星之列河汉”，怎不令人“痴痴的看，呆呆的看，我爱，我恨，我怨，爱古人书法之高妙，恨自己之不成材，怨上天对一般人赋予之吝啬。”[②]“雅舍”除有观书法之趣，还有收信之乐，更有读书之乐！打通时空的隔阂，直接与古人游，人生乐趣孰有逾于此者，久与圣贤处则终乃境界高，胸襟广，脸上自然清醇爽朗，谈吐自然高远不俗。“早起最快意的一件事，莫过于在案上发现一大堆信——平、快、挂，七长八短一大堆”，[③]而“我所说的爱写信的人，是指家人朋友之间聚散匆匆，睽违之后，有所见，有所闻，有所忆，有所感，不愿独秘，愿人分享，则乘兴奋笔，藉通情愫。写信者并无所求，受信者但觉情谊翕如，趣味盎然，不禁色起神往。”[④]

再看《谈友谊》：“朋友居五伦之末，其实朋友是极重要的一伦。所谓友谊实即人与人之间的一种良好的关系，其中包括了解、

① 梁实秋：《下棋》，《梁实秋散文》第 1 集，第 88 页。
② 梁实秋：《书法》，《梁实秋散文》第 3 集，第 171-172 页。
③ 梁实秋：《信》，《梁实秋散文》第 1 集，第 39-41 页。
④ 梁实秋：《信》，《梁实秋散文》第 1 集，第 39-41 页。

欣赏、信任、容忍、牺牲……诸多美德。真正能称得起朋友的还是很难得。试想一想，如有银钱经手的事，你信得过的朋友能有几人？在你蹭蹬失意或疾病患难之中还肯登门拜访乃至雪中送炭的朋友又有几人？……再退一步，平素投桃报李，莫逆于心，能维持长久于不坠者，又有几人？总角之交，如无特别利害关系以为维系，恐怕很难在若干年后不变成为路人。富兰克林说：'有三个朋友是最忠实可靠的——老妻、老狗和现款。'妙的是这三个朋友都不是朋友。倒是亚里斯多德的一句话最干脆：'我的朋友们啊！世界上根本没有朋友。'这句话近于愤世嫉俗，事实上世界上还是有朋友的，不过虽然无需打着灯笼去找，却是像沙里淘金而且还需要长时间地洗炼。一旦真铸成了友谊，便会金石同坚，永不退转。共享快乐，比共受患难，应该是更正常的友谊中的趣味。"①

从个人感情上来说，梁实秋无疑是中国人中鲜少幸福成功者。发妻程季淑（1901—1974）陪伴他走过生命中大半个旅程。妻子既上得厅堂，又下得厨房，既有新女性的视野和知识，又有传统女性的贤惠与忠诚。情比金坚，无论发生什么，她都与梁实秋不离不弃，形影相随，相夫教子。没有她的精心呵护，就没有梁实秋的文坛成就。每一个成功的男人后面都有一个伟大的女性。1974年程季淑意外去世，在他悲痛万分的时候，遇到了生命后期的灵魂伴侣韩菁清（1931—1994），双方经历了一番非常痛苦的心理磨砺，因为"社会"不干了！先前也经历过失败婚姻的韩菁清辗转反侧无数次之后，她终于想明白了，这个世界上，不是每个人都适合和你白头到老。有的人，是拿来成长的；有的人，是拿来一起生活的；有的人，是拿来一辈子怀念的；而眼前出现的这个人，是拿来爱的。她思忖，一辈子没有狠狠地爱过和被爱过的人，都是没有被成全的可怜人！因此，韩菁清给梁实秋写下了这样的回

① 梁实秋：《谈友谊》，《梁实秋散文》第1集，第282-285页。

信：“亲人，我不需要什么，我只要你在我的爱情中愉快而满足地生存许多许多年，我要你亲眼看到我的脸上慢慢地添了一条条的皱纹，我的牙一颗颗地慢慢地在摇，你仍然如初见我时一样好奇的目光虎视眈眈。那才是爱的真谛，对吗？”两人终于冲破种种外界阻力，跨越了近30年时间之海，于1975年结为伉俪。

有评论者说，仔细思忖，若是72岁梁实秋的这一倾城之恋被对方断然拒绝，那么，陷入失恋痛苦深渊中的他，还能不能够精神焕发地继续抒写这么多出类拔萃的杰作？在人生的长旅中，“爱情赐予万事万物的魅力，其实决不应该是人生中短暂现象，这一道绚烂的生命的光芒，不应该仅仅照耀着探求和渴慕时期，这个时期其实只应该相当于一天的黎明，黎明虽然可爱、美丽，但在接踵而至的白天，那光和热却比黎明时分更大得多。”车尔尼雪夫斯基（1828—1889）这一洞彻肺腑的诗性之言，仍值得人们扪心思索，细细寻味。

梁实秋与韩菁清1975年5月9日在婚礼上

在《情书十二札》中，我们可读到梁实秋火烫的字句：“我今天提早睡午觉，以便及时飞到你的身边，同时不因牺牲午觉而受你的呵斥！亲亲，我的可爱的孩子！”“写此信时，你在酣睡，愿上天给你平安。我是最爱的小娃。最后，我斩钉截铁的告诉你：没有任何人任何事能妨碍我们的婚姻，我将在最早可能的时候来办理我们的终身大事。亲亲，你等着我，耐心的等，快乐的等。”书信里每字每句，如一个初涉爱河的少年，欣喜、快乐、烦恼、痴迷……这时所有的身份都不重要了，不管作为一个亡妻不久的男人，还是一个文坛巨子，抑或一个迟暮的老人，此刻，他只是一个焚烧在爱情里的孩子，义无反顾。梁实秋在和韩菁清在爱的阳光下，度过了13年质量饱满的婚姻。弥留之际，他拼尽全身力气喊出的最后一句话是：“清清，我对不起你，怕是不能陪你了！”孔子说，“七十从心所欲，不逾矩”，可是这位老人面对年龄，面对真情，姿态完全是西化的。以热烈的爱、以无比的激情、以无限的宽容、以无尽的依恋，梁实秋一直笔耕至生命终点，在病逝的前一天还在写作。晚年的他，人生智慧、修养境界更加澄明，依然把“人性”作为描摹对象，或许是与韩菁清的爱情进一步激发了对“人”的热爱，也或许知道时日无多越是感到人生值得留恋，总之，跨入80岁后梁实秋以不可思议的精力和热情，每天平均2000字的速度，继续抒写人情世故，挑战生命极限。

第二节　中和之道

进入中老年后，梁实秋的目光更多地指向了历史，指向久离的故土，许多已逝的人物、风物、器物、美食无不触动他的追忆情怀。孔子曰：“高而能下，满而能虚，富而能俭，贵而能卑，智而能愚，勇而能怯，辩而能讷，博而能浅，明而能暗，是谓损而不极。能行此道，唯至德者及之”。（《说苑·敬慎》）这种境界是梁实秋的终身理想。凡事以探求真理为目的，不求急功近利，虚心谦冲，深藏若虚。如古罗马批评家贺拉斯所指出的，理性判断力是写作成功的开端和源泉，只有这样才能产生光辉的思想，使读者喜爱和流连忘返。“雅舍”力求打通中西文化隔膜，频频引用各国古今典籍，独特的个人写作使本来枯燥的典故猛然绚烂。琐事入笔，旧事新说，幽默遣趣，典雅出锋，你中有我，我中有你，相互渗透，总会让人眼前一亮。

“雅舍”有相当部分是抒发亲情的。首先是父母之爱，梁实秋一生写了很多文字，专写父母的文字却不多，原因是“这个题目不敢轻易下笔”。我们看到他对父母的怀念是散见于一些篇目中的。梁实秋深情地回忆说，母亲十分疼爱孩子，且教他们读书启蒙，常把她小时候怎样苦读的情形告知子女。梁实秋 12 岁离家到郊外清华读书，每周回家一次，母亲都要亲自给他炒一盘冬笋木耳韭菜黄肉丝，这种情景，令他每每回想不胜温暖。他与父亲感情特别笃厚，感念自己学业和婚姻多亏先君指引帮助。1927 年，梁实秋新婚刚过，“国民革命军北伐逐步迫近南京。母亲关心我们，要我们暂且观望不要急急南下。父亲更关心我们，父亲把我叫到书房私下对我说‘你现在已经结了婚，赶快带着季淑走，机会放过，以后再想离开这个家庭就不容易了，不要糊涂，别误解我的意思。立刻动身，不可迟疑。如果遭遇困难，随时可以回来。我观察这几天，季淑很贤惠而能干，她必定会成为你的贤内助。你运气好，能娶到这样的一个女子。男儿志在四方，你去吧！’父亲说到这里，眼圈红了。”[①]字里行间流露出对父爱深长的感恩和思念。

梁实秋 85 年的生命历程中，值得怀念的人很多。他写过许多回忆录，《槐园梦忆》是其中最真挚动人的一篇，记述了梁实秋与发妻程季淑相知、相爱，生离死别的历程，程季淑端庄贤淑，颇

① 梁实秋：《槐园梦忆》，《梁实秋散文》第 2 集，第 156 页。

有艺术才华，但她放弃了自己的执教事业，默默地支持着丈夫，可以说，没有她，梁实秋也难以获得今日的成就。他们从北平先后到上海、青岛、重庆、台湾再到美国，转徙间经受了太多的悲欢离合。当意外受伤的老妻进手术室抢救应医生之请做出最后一个笑容，带着不愿使任何人难过的表情离世后，梁实秋悲痛至极，他写道："人世间时常没有公道，没有报应，只是命运、盲目的命运！我像一棵树，突然一声霹雳，电火殛毁了半劈的树干，还剩下半株，有枝有叶，还活着，但是生意尽矣。两个人手拉着手的走下山，一个突然倒下，另一个只好踉踉跄跄的独自继续他的旅程。"[①]一个终身信仰理性的人，竟道出如此悲怆的话语！

历经沧桑的两个垂暮老人，有一次因头发而展开对话，引得梁实秋不禁想起英国诗人朋士的一首诗《John Anderson my Jo》（约翰安德森我的心肝），夫妻俩在一起低吟这首诗不知有多少遍，"想当初我们俩刚刚相识的时候，你的头发黑得像乌鸦一般，你美丽的前额光光溜溜，但是如今你头秃了，你的头发白得像雪一般，但愿上天降福在你的白头上面……"而今，他们都作古了，留下的这些文字和文字下的爱情，足令后人景仰和感动。

师情在梁实秋篇目中也很动人。所有老师中，印象最深的是周士棻、徐镜澄和白璧德三位先生。周士棻是梁实秋的小学启蒙老师，这位老师"教学非常认真负责，特别注意生活上的小节，例如纽扣是否扣好，头发是否梳齐，以及说话的腔调，走路的姿势，无一不加指点……他布衣布履，纤尘不染，走起路来目不斜视，迈大步昂首前进，几乎两步一丈，讲起话来和颜悦色，但是永无戏言。在我们心中他几乎是一个完人。"[②]徐锦澄是清华的一位国文老师，在《我的一位国文老师》中他深情地回忆说："他给

① 梁实秋：《槐园梦忆》，《梁实秋散文》第2集，第156页。
② 梁实秋：《我在小学》，《梁实秋散文》第2集，第8页。

我的印象最深，使我受益也最多，我至今不能忘记他”，由于这位老师“很凶”，同学们给他取了个绰号叫‘徐老虎’，“他的相貌很古怪，他的脑袋的轮廓是有棱有角的，很容易成为漫画的对象。头很尖，秃秃的，亮亮的，脸形却是方方的，扁扁的，有些像《聊斋志异》绘图中的夜叉的模样。他的鼻子、眼睛、嘴好像是过分的集中在脸上很小的一块区域里。他戴一副墨晶眼镜，银丝小镜框，这两块黑色便成了他脸上最显著的特征。我常给他漫画，勾一个轮廓，中间点上两块椭圆形的黑块，便惟妙惟肖”。[①]这位怒骂“捣乱”课堂的梁实秋“我一眼把你望到底”的老师，后来居然使梁实秋成为受益最多的学生，“他的大墨杠子打得是地方，把虚泡囊肿的地方全削去了，剩下的全是筋骨。在这删削之间见出他的功夫。如果我以后写文章还能不多说废话，还能有一点点硬朗挺拔之气，还知道一点‘割爱’的道理，就不能不归功于我这位教师的教诲。”[②]追忆间感激之情溢于言表。

不用说，欧文·白璧德是梁实秋一生受影响最深的老师。当年 21 岁的梁实秋从科罗拉多大学转入哈佛大学研究生院之前，他脑子里已经装了不少文学革命的概念，受国内新文化及学衡派影响，初到哈佛时对白璧德的主张充满抵触情绪。他在回忆中说：“上白璧德先生的课，并非是由于我对他的景仰，相反的，我是抱着一种挑战者的心情去听讲的。”[③]但一学期下来，梁实秋的态度发生了转折，从挑战、敌视，转变为钦佩、接受，“白璧德先生的学问之渊博，当然是很少有的，他讲演起来真可说是头头是道、左右逢源……我初步的反应是震骇。我开始自觉浅陋，我开始认识学问思想的领域之博大精深。继而我渐渐领悟他的思想体系，

① 梁实秋：《我的一位国文老师》，《梁实秋散文》第 1 集，第 322 页。
② 同上。
③ 梁实秋：《文学因缘》，台北：时报文化出版公司，1986 年，第 59 页。

我逐渐明白其人文思想在现代的重要性。”[①]白璧德对中国文化怀有浓厚的兴趣，主张西方现代文明的发展应该从东方文明尤其是中国古代文明中吸取思想资源，他甚至认为：“孔子是优于许多西方人文主义者的优秀的人文主义者。”[②]因此，白璧德不赞同当时中国“打倒孔家店”的说法，这已关联到中国文化现代性问题的重要思考。从这个意义上说，我们无法将梁实秋以及“学衡派”文艺理论主张贴上“守旧”的标签，从文化的现代视野中排除出去。梁实秋听了一年白璧德的课，“新人文主义”影响了他终身。晚年，他曾说，“鲁迅动不动就以讥讽的口吻谈论白璧德，其实鲁迅是没有读过白璧德的书”。正是交遇了白璧德，梁实秋以最直接的方式接受了西方文化，尽管不同的路径可获得不同的西方文化。

梁实秋 46 岁东渡台湾，转眼已过知命之年，世事沉浮，岁月沧桑，青春时期的凌厉已远去，环顾四周，故土摇摇，知交零落，百感交集。《平山堂记》叙述了他离乡迁台之前在穗的一段生活。青年时期的理想与中年现实的巨大反差，这种矛盾心态投影到寓所前后内外的简陋破败中，勾画出前途未卜的凄凉。50 多岁后，梁实秋开始写旧事故友，其中《谈徐志摩》、《谈闻一多》、《清华八年》、《秋室杂忆》、《看云集》等篇脍炙人口。谈到淳厚耿直的闻一多，梁实秋说：“同学之间，闻一多对我影响很大。……他有文才，重情感，讲义气。在清华时，课余之暇，辄相与论文，我对文学的兴趣有很大部分是他激发出来的。”[③]在闻一多殉难 20 周年之际，怀着对故友的深情，梁实秋叙说了一件鲜为人知的事：他俩在美国科罗拉多大学，因为在清华时数学成绩颇差，美国校方要求他们补修两门数学课，梁实秋听从了，但是“一多不肯。他觉得性情不近数学，何必勉强学它，凡事皆以兴之所至为指归。

① 梁实秋：《文学因缘》，台北：时报文化出版公司，1986 年，第 59 页。
② 乐黛云：《21 世纪的新人文精神》，《光明日报》，2012 年 5 月 14 日。
③ 梁实秋：《谈闻一多》，《梁实秋散文》第 1 集，第 359-435 页。

我劝他向学术纪律低头，他执意不肯，故他始终没有获得正式大学毕业的资格。”[①]

梁实秋与韩菁清合影

徐志摩在梁实秋的笔下则另具风采，“我数十年来奔走四方，遇见的人也不算少，但是还没见到一个人比徐志摩更讨人欢喜……我记得，在一九二八、一九二九年之际，我们常于每星期六晚在胡适之先生极斯菲尔路寓所聚餐。胡先生也是一个生龙活虎一般的人，但于和蔼中寓有严肃，真正一团和气使四座并欢的是志摩。他有时迟到，举座奄奄无生气，他一赶到，像一阵旋风卷来，横扫四座，又像是一把火炬把每个人的心都点燃，他有说，

① 梁实秋：《谈闻一多》，《梁实秋散文》第 1 集，第 379 页。

有笑，有表情，有动作，至不济也要在这个的肩上拍一下，那一个的脸上摸一把，不是腋下夹着一卷有趣的书报，便是袋里藏着一扎有趣的信札，传示四座，弄得大家都欢喜不置。”[①]寥寥数语勾勒出徐志摩稚童般热情天性。

《记张自忠将军》篇，梁实秋生动地讲述了抗日名将张自忠生活简朴，一心抗战，严于律己的崇高境界，对这位爱国名将的肝胆忠烈，用“大将陨落，举国震悼”[②]的文字表达出来，格外感人。齐如山先生与梁实秋父亲是“同文馆”的同学，梁实秋十分推崇齐先生，盛赞他“是一个真知道生活艺术的人”，是“把生活当作艺术来享受”的“哲人”。[③]

在诸位友人中，梁实秋最为敬仰的是胡适。胡适是他们这一代人在思想学术道德人品上最为杰出的一位，放在今天的语境来说，胡适是一位“世界公民”或谓“公共知识分子”。他常说“不要被别人牵着鼻子走”，“狮子与虎永远是独来独往，只有狐狸与狗才成群结队”，他最爱写的对联“大胆的假设，小心的求证，认真的做事，严肃的做人”，其风骨气节扑人眉宇。在胡适猝然去世的翌日，梁实秋立即作了《但恨不见替人》的悼文。在另一篇《怀念胡适先生》的文中，梁实秋说“抗战军兴，国家民族到了最后关头，他奉派为驻美大使。……数年任内，仆仆风尘，作了几百次讲演，心力交瘁。大使有一笔特支费，是不需报销的，胡先生从未动用过一文，原封缴还国库，他说‘旅行演讲有出差交通费可领，站在台上说话不需要钱，特支何为？’”[④]“有一次我搭乘他的汽车，时正值雨后，路上有很多的小水坑，胡先生一路不停的关照司机‘慢点开，前面有一个水坑，慢一点，慢一点，当心

---

① 梁实秋：《谈徐志摩》，《梁实秋散文》第1集，第179-181页。

② 梁实秋：《记张自忠将军》，《梁实秋散文》第1集，，第333页。

③ 梁实秋：《悼齐如山先生》，《梁实秋散文》第1集，第346页。

④《梁实秋散文》第3集，第347-348页。

不要把水溅到人身上。’”[①]梁实秋将胡适德学俱隆的人性光辉娓娓道出，提到莎士比亚全集的翻译，梁实秋动情地说“领导我、鼓励我、支持我能于断断续续三十年间完成莎士比亚全集的翻译者，有三人：胡先生、我的父亲、我的妻子。”[②]

1958 年梁实秋与胡适在台湾师范大学

“月是故乡明”，乡情是“雅舍”最重要题材部分。“疲马恋旧秣，羁禽思故栖”，梁实秋道：“大概人都爱他的故乡，离乡背井一向被认为是一件苦事。……其实一个人远离家乡，无论是由于何种缘故，日久必有一股乡愁……我是北平人，我生长在北平，祖宗坟墓在北平，然而一去三十余年，‘春秋迭代，必有去故之悲’”，“人与疲马羁禽无异，高飞远走，疲于津梁，不免怀念自己

①《梁实秋散文》第 3 集，第 347-348 页。

②《槐园梦忆》，《梁实秋散文》第 3 集，第 349-350 页。

的旧家园。”[①]来到四面皆海的亚热带岛屿谋生，他的心情就如同所描写的动物园里的一对“人地不宜”的骆驼：“任重而道远”的骆驼被人视为“消极的忍耐”，它会跪下来承受五磅的重载，肯食用大多数哺乳动物所拒绝食用的荆棘苦草，肯饮用带盐味的脏水，奔走三天三夜不喝水，将体内脂肪氧化制造出水。骆驼因“人地不宜”而默默承受苦难，因为它不如“哈巴狗”善伺人意而备受冷落。更令人忧愤的是自以为掌握它命运的人，将它捉弄于股掌，将本是生长在北方干燥大地的巨兽运送到炎热潮湿的南方海岛，成为人们观赏猎奇的玩物，致使骆驼在蕉风椰雨的泥泞里晨夕对泣，日日水汪汪的两只大眼睛好像是泪眼扑簌。”[②]言骆驼寄乡愁，字字充满思乡情怀。

随着岁月的流逝，梁实秋对故土的思恋越来越深，北平的风貌，故乡的庭院，儿时的琐事，年节的氛围，丰美的京味小吃，热闹的戏园，无不意态宛然地鲜活萦绕于眼前，勾起无限的惆怅。20 世纪 60 年代，台北市容迅速改观，一座座高楼拔地而起，一条条大道横贯东西，戏院、酒吧、商场、饭店、夜市，迅速崛起，每当夕阳西下，闹市街头到处霓虹闪烁，歌舞升平，然而，这一切在梁实秋眼里毫无诗意，现代化的楼厦在他眼里不过只是一大片“鳞次栉比的鸽子笼”而已，他心中萦绕的，仍然是色彩黯旧古朴方正的北平街景：“不知为什么，我时常忆起北平街道的景象。……北平城是方方正正的坐北朝南，除了为象征‘天塌西北地陷东南’缺了两个角之外没有什么不规则的形状，因此街道也就显着横平竖直四平八稳。……从前皇城未拆，从东城到西城需要绕过后门，现在打通了一条大路，经北海团城而金鳌玉壁，雕栏玉砌，风景如画，是北平城里最漂亮的道路，向晚驱车过桥，

① 《梁实秋散文》第 2 集，第 335 页。

② 梁实秋：《骆驼》，《梁实秋散文》第 1 集，第 246-248 页。

左右目不暇给。城外还有一条极有风致的路，便是由西直门通到海淀的那条马路，两路是高可数丈的垂杨柳，一棵挨一棵，夏秋之季，蝉鸣不已，柳丝飘拂，夕阳西下，景色幽绝”，[①]真是一幅如诗如画的古城旧景。还有，“过年须要在家乡里才有味道。羁旅凄凉，到了年下只有长吁短叹的份儿，还能有半点欢乐的心情……”“北平远在天边，徒萦梦想……”[②]瞥见台北街头小儿拖着那“不过是竹篾架上糊一点纸，一尺见方”的小小风筝满街跑，梁实秋便回忆起在北平放风筝的情景，“我对放风筝有特殊的癖好，从孩提时起直到三四十岁，遇有机会从没有放弃过这一有趣的游戏。在北平，放风筝有一定的季节，大约总是在新年过后开春的时候为宜。这时节风劲而稳。严冬时风很大，过于凶猛，春季过后则风又嫌微弱了。开春的时候，蔚蓝的天，风不断的吹，最好放风筝”。[③]对故土的丝丝怀念描写，在梁实秋晚年创作中屡屡可见。

共享快乐，是人生之真正乐趣。古罗马哲学家西塞罗（前 106—前 43）曾说：“假如一个人独自升天，看见宇宙的大观、群星的美丽，他并不能感到快乐，他必找到一个人向他述说他所见的奇景，他才能快乐。”妙的是梁实秋的思乡旋律就是这样自如地穿梭在谈吃说喝中，物我交融，谐趣横生，读者如身临其境，仿佛和他一起围坐桌前大快朵颐。1985 年《雅舍谈吃》在台湾出版，收入 57 篇美食文，轰动一时，至今重印不衰。

梁实秋这样写老北京名小吃“豆汁儿”：

> 就是在北平，喝豆汁儿也是以北平城里的人为限，城外乡间没有人喝豆汁儿，制作豆汁儿的原料是用以喂猪的。但是这种原料，加水熬煮，却成了城里人个个欢喜的食物。而

---

① 梁实秋：《北平的街道》，《梁实秋散文》第 1 集，第 304-307 页。

② 同上。

③ 梁实秋：《放风筝》，《梁实秋散文》第 1 集，第 299-303 页。

> 且这与阶级无关。卖力气的苦哈哈，一脸渍泥儿，坐小板凳儿，围着豆汁儿挑子，啃豆腐丝儿卷大饼，喝豆汁儿，就咸菜儿，固然是自得其乐。府门头儿的姑娘、哥儿们，不便在街头巷尾公开露面，和穷苦的平民混在一起喝豆汁儿，也会派底下人或是老妈子拿砂锅去买回家里重新加热大喝特喝。而且不会忘记带回一碟那挑子上特备的辣咸菜，家里尽管有上好的酱菜，不管用，非那个廉价的大腌萝卜丝拌的咸菜不够味。口有同嗜，不分贫富老少男女。[①]

聊起老北京“烤鸭”，他说：“鸭自通州运到北平，仍需施以填肥手续。以高粱及其他饲料揉搓成圆条状，较一般香肠热狗为粗，长约四寸许。通州的鸭子师傅抓过一只鸭来，夹在两条腿间，使不得动，用手掰开鸭嘴，以粗长的一根根的食料蘸着水硬行塞入”[②]，然后把“几十百只鸭关在一起，像沙丁鱼，绝无活动余地，只是尽量给予水喝。这样关了若干天，天天扯出来填，非肥不可，故名填鸭。……鸭油可以蒸蛋羹，鸭架装可以熬白菜，也可以煮汤打卤。……这一锅汤，若是加口蘑（不是冬菇，不是香蕈）打卤，卤上再加一勺炸花椒油，吃打卤面，其味之美无与伦比。”[③]寥寥几笔，珍馐美味活灵活现地摆放在眼前。

谈完吃，再聊民俗百象：幼时一次梁实秋和父亲去东华门大街的东兴楼吃饭，因上菜稍慢，他用牙箸在盘碗的沿上轻轻敲了叮当两响，他父亲急止说：“‘千万不可敲盘碗作响，这是外乡客粗卤的表现。你可以高声喊人，但是敲盘碗表示你要掀桌子。在这里，若是被柜上听到，就会立刻有人出面赔不是，而且那位当值的跑堂就要卷铺盖，真个的卷铺盖，有人把门帘高高掀起，让你亲见那个跑堂扛着铺盖卷儿从你门前急驰而过。不过这是表演

① 梁实秋：《豆汁儿》，《梁实秋散文》第 4 集，第 54-55 页。

② 梁实秋：《烧鸭》，《梁实秋散文》第 4 集，第 13-14 页。

③ 梁实秋：《烧鸭》，《梁实秋散文》第 4 集，，第 13-14 页。

性质，等一下他会从后门又转回来的。’跑堂待客要殷勤，客也要有相当的风度。”[①]诸如此类文字，“雅舍”比比皆是，让人过目不忘。

说起喝，他说：“北平的双窨、天津的大叶、西湖的龙井、六安的瓜片、四川的沱茶、云南的普洱、洞庭山的君山茶、武夷山的岩茶，甚至不登大雅之堂的茶叶梗于满天星随壶净的高末儿”，他都尝试过。“茶是中国人的饮料，凡是有中国人的地方就有茶。……近有人回大陆，顺便探视我的旧居，带来我三十多年前天天使用的一只瓷盖碗，原是十二套，只剩此一套了，碗沿还有一点磕损，睹此旧物，勾起往日心情，不禁黯然”。梁实秋接着回忆说，过去“多次到大栅栏东鸿记或西鸿记去买茶叶，在柜台面前一站，徒弟搬来凳子让座，看伙计秤茶叶，分成若干小包，包得见棱见角，那份手艺只有药铺伙计可以媲美。茉莉花窨过的茶叶临卖的时候再抓一把鲜茉莉放在表面上，所以叫做双窨。于是茶店里经常是茶香花香，郁郁菲菲。”杭州是梁实秋母亲的故乡，他“曾屡侍先君游西湖，从不忘记品尝当地的龙井，不需要攀登南高峰风篁岭，近处的平湖秋月就有上好的龙井茶，开水现冲，风味绝佳。茶后进藕粉一碗，四美具矣。正是穿牖而来，夏日清风冬日日；卷帘相见，前山明月后山山。”[②]啜茗之乐，也令我们读者唇齿留香。

西湖楼外楼的“炝活虾”是道当地名菜，虾“是在湖中用竹篓养着的，临时取出，欢蹦乱跳，剪去其须吻足尾，放在盘中，用碗盖之。食客微启碗沿，以箸挟取之，在旁边的小碗酱油麻油醋里一蘸，送到嘴里用上下牙齿一咬，像磕瓜子一般，吮而食之。吃过把虾壳吐出，犹咕咕嚷嚷的在动。有时候嫌其过分活跃，在

---

① 梁实秋：《芙蓉鸡片》，《梁实秋散文》第 4 集，第 57 页。

② 梁实秋：《喝茶》，《梁实秋散文》第 3 集，第 77-80 页。

盘中泼进半杯烧酒，虾乃颓然醉倒”[①]，寄兴思乡，愉悦陶然。

“爆双脆”是北平“东兴楼”和“致美斋”的一道名菜：“所谓双脆，是鸡胗和羊肚儿，两样东西旺火爆炒，炒出来红白相间，样子漂亮，吃在嘴里韧中带脆，咀嚼之际自己都能听到咯吱咯吱地响。鸡胗易得，捡肥大者去里，所谓去里就是把附在上面的一层厚皮去掉。……肚子是羊肚儿，而且是厚肥的肚领，而且是剥皮的肚仁儿，这才够资格成为一脆。……这两样东西下锅爆炒勾汁，来不及用铲子翻动，必须端起锅来把锅里的东西抛向半空中打个滚再落下来，液体固体一起掂起，连掂三五下子，熟了。这不是特技表演，这是火候必需的功夫。在旺火熊熊之前，热油泼溅之际，把那本身好几斤重的铁锅只手耍那两下子，没有一点手艺行么？”[②]

令梁实秋回味无穷的还有故乡北平的胡同叫卖，那窝头、菜包、薄饼、溜黄菜、薄片羊头肉、烧饼油条等，尤其精彩的是自家做的“核桃酪”：“分盛在三四个小碗(莲子)碗里，每人所得不多，但看那颜色，微呈紫色，枣香、核桃香扑鼻，喝到嘴里黏糊糊、甜滋滋的，真舍不得一下子咽到喉咙里去。”[③]那份一大家人分吃核桃酪的温馨，在喉咙里黏糊糊、甜滋滋的味道，被他描绘得绘声绘色。

一个人无论走到何方，最怀念、最熟悉的感觉总是故乡，梁实秋借吃东道西，一饮一啄，对家乡的怀念对亲人的回忆都流露在字里行间，对祖国的爱也深深融于笔端；谈着家乡的菜，眼泪也会落下来。旧时文人著述，大都离远“俗”事，琴棋书画诗花酒样样谈，几时提到过柴米油盐酱茶？偶尔笔下涉百姓生活，也多为牧歌情调，或抱优越感渲染民间野趣，鲜少投入世风民俗，

---

① 梁实秋：《水晶虾饼》，《梁实秋散文》第4集，第29页。

② 梁实秋：《爆双脆》，《梁实秋散文》第4集，第112-113页。

③ 梁实秋：《核桃酪》，《梁实秋散文》第4集，第35页。

领略人情百态。然而，生活大都是尘廛哀乐，不怕说“俗”，乐于说“俗”，反而大俗而大雅。有些人以为不说俗事就是雅，其实真正的雅是说俗事而不觉其俗，而真实的俗是只言雅事却不觉其雅。以前人们只注意到“雅舍”“雅”的一面，忽略了“雅舍”“俗”（民俗风俗乡俗）的一面，其实，“雅”只是表面或形式，缘其谈说方式，说“俗”给人以错觉，实则是议国情议民情，雅俗共存的丰赡，涵括广泛的社会性，折射出千姿百态“普遍的人性”，教人捧腹与思索。

胡适在《〈蕙的风〉序》里说：“论诗的深度，有三个阶梯：浅入而浅出者为下，深入而深出者胜之，深入而浅出者为上。”这道理对于其他人事何尝又不是如此？“雅舍”一看标题就很大众化，内容有浓郁的生活气息，所谈的事要多平常就多平常，然而，这类文体并不好写，诚所谓不言“俗”而能“雅”不算大本事；言“俗”而达大雅才是真“韵味”。“雅舍”看似平常、容易，其实背后不知需要多少学、识、情、理、趣的童子功，“功夫在诗外”的道理就深谙于此吧。文艺反映本真，重要的是效果，同一句话，不同的人说，其味可以相去甚远，学识、境界、精神、胸怀的体现便在此，其水平也在此。“雅舍”是一双善于发现的眼睛，注意到生活中的鸡毛蒜皮，鸡零狗碎，它们实在，有内容，有生活，像是一幅人间百态《清明上河图》。在司空见惯的生活里，“雅舍”能看见深层次的东西。现实生活中，有的人满口之乎者也、子曰诗云，仍俗不可耐；有的人以淡定自许，事事随缘，却不忘沽名钓誉，种种常见“怪”现象进入了“雅舍”中。

《谦让》里：“一群客人挤在客厅里，谁也不肯先坐，谁也不肯坐首座，于是你推我让，人声鼎沸。”“我从不曾看见在长途公共汽车车站售票的地方，如果没有木制的长栅栏，而还能保留一点谦让之风！因此我发现了一般人处世的一条道理，那便是：可以无须让的时候，则无妨谦让一番，于人无利，于己无损；在该让的时候，则不谦让，以免损己；在应该不让的时候，则必定谦让，于己有利，于人无损。”①

再看《旁若无人》：“例如欠伸，原是常事，‘气乏则欠，体倦则伸。’但是在稠人广众之中，张开血盆巨口，作吃人状，把口里的獠牙显露出来，再加上伸胳臂伸腿如演太极，那样子就不免吓人。有人打哈欠还带音乐的，其声呜呜然，如吹号角，如鸣警报，如猿啼，如鹤唳，音容并茂，《礼记》‘侍坐于君子，君子欠伸，撰杖屦，视日蚤莫，侍坐者请出矣。’是欠伸合于古礼，但亦以‘君子’为限，平民岂可援引，对人伸胳臂张嘴，纵不吓人，至少令人觉得你是在逐客，或是表示你自己不能管制你自己的肢体。……电影场里电灯初灭的时候，总有几声‘嗳哟，小三儿，你在哪儿啦？’在戏院里，演员像是演哑剧，大锣大鼓之声依稀可闻，主要的声音是观众鼎沸，令人感觉好像是置身蛙塘。在旅馆里，好像前后左右都是庙会，不到夜深休想安眠，安眠之后难免没有响皮底的大皮靴毫无惭愧的在你门前踱来踱去。天未大亮，又有各种市声前来侵扰。一个人大声说话，是本能；小声说话，是文明。以动物而论，狮吼，狼嗥，虎啸，驴鸣，犬吠，即是小如促织蚯蚓，声音都不算小，都不会像人似的有时候也会低声说话。大概文明程度愈高，说话愈不以声大见长。”②婉讽调侃中，我们“发现”了生活里司空见惯的举止，人们在可哂可叹可憎可怨中躬身反省。

《脏》篇说：“约在半个世纪以前，蔡元培先生说，‘华人素以不洁闻于世界：体不常浴，衣不时浣，咯痰于地，拭涕以袖，道路不加洒扫，厕所任其熏蒸，饮用之水不经滲漉，传染之病不知隔离。’这样说来，脏的冠军我们华人实至名归，当之无愧。这

① 梁实秋：《谦让》，《梁实秋散文》第1集，第54-55页。

②《梁实秋散文》第1集，第113--114页。

些年来，此项冠军是否一直保持，是否业已拱手让人，则很难说。其实，脏一点无伤大雅，从来没有听说过哪一个国家因脏而亡。一个个的纵然衣冠齐整望之岸然，到处一尘不染，假使内心里不大干净，一肚皮男盗女娼，我看那也不妙。”[①]

人性化东西，就是让普通人能明白的道理；不管哪个时代，人性最根本的东西是不会改变的；善良、正义、真诚、朴实、坦率、忠诚，追求美好……这些人性中美好的永远是作者褒扬的；那些阴暗、虚伪、下流、丑恶、奸诈、嗜杀成性、目无法纪、草菅人命……这些都是作者所摈弃和不齿的。人性中所表现的种种美好与丑恶，无论在哪个时代都会反复出现的，人们的努力正是为了让人性里光明的一面得以彰显，让人性的光辉永放光芒。对此，肩上担子的沉重和艰巨，在梁实秋来说是和鲁迅同样的。如果说，鲁迅国民性的刻画是激进的，斗争性的，促人奋发的，那么，梁实秋则是幽默的，温和的，促人自省。尽管鲁迅是自觉的，梁实秋是不自觉的，在很大程度上乃殊途同归。时隔数十年，生存环境发生了天翻地覆的变化，但“雅舍”依然十分受欢迎，获得各个时代读者的共鸣，这也正好检验了“人性是永恒的”主题。艺术水平的高低在乎形式，艺术的魅力在于细节；大题材，从大处着手，易高空舞蹈，流于空疏，那些带浓厚学究气的研究文本，以说明介绍为主，不像“雅舍”从生活的小事、琐事也是实事中勾画，有血有肉。其实，想认识和了解中国人，几册《雅舍小品》效果可能会好，鲜明，形象，直接。“雅舍”在战火纷飞、国难当头的年代曾给人以不合时适的感觉，受人诟病，经岁月淘洗沉淀重新发现它的价值，令人一读再读，时间越久，似乎越能显示魅力。

---

① 《梁实秋散文》第2集，第248-251页。

第三节 恬于进取

“雅舍”鲜见“政治”二字，也不奢谈大道理，却给读者无数开启心智的思想火花，梁实秋风趣幽默挥洒自如中，总能让人忍俊不禁之余有所颖悟，照镜见影。他宁做恬静学者而不愿做风云政客。“政治”与“雅舍”，哪个重要？对梁实秋来说，无疑是后者。“雅舍”构筑做人的风范——优雅。茅舍内、茶桌旁、旅行中、旧梦里，自然有“雅人”的情趣。梁实秋存有几方印章，其中一枚阳文圆印，刻有“深心托豪素”，为颜延之的诗句[①]。另有一枚白印文“春韭秋菘”[②]，取安贫守正、质朴高迈之意趣。“雅舍”所谈所讲，不是旧居就是书房，不是男人就是女人，不是吸烟就是喝酒，不是谈美食就是说生死，不是快乐就是恨怒，不是勤就是懒……谈时间说友谊悟生命议鱼虫鸟兽、花草林木、日月星辰，就连腌猪肉，也能讲出坎特伯来和巴兹妇人的故事，萝卜汤里也能“炖”出写文章的秘诀，更不用说那西施舌、醋溜鱼、糖葫芦的美味，还有那粤菜、鲁菜、淮阳菜、川菜、沪菜不同菜系，蒸、煮、炒、煎、炸，红烧、盖浇的各种烹饪方式，色泽鲜艳，花样繁多，更不用提从谈话艺术到骂人艺术，从写字、读画到听戏，所泉涌的中国文化琼浆了。这些丰满，沁人肺腑的题材其实都是人性的延伸，人性生活化的体现，深蕴艺术张力和敏锐的生活哲理。

人性空间广阔，因之文学空间广阔，“雅舍”把笔触探向浩瀚

① “深心托豪素”出自颜延之《五君咏·向常侍》：“向秀甘淡薄，深心托豪素。探道好渊玄，观书鄙章句。交吕既鸿轩，攀嵇亦凤举。流连河里游，恻怆山阳赋。”颜延之（384—456），字延年，琅琊临沂人，是南北朝时著名诗人，与山水派创始人谢灵运同代齐名，世称“颜谢”。

② 《梁实秋：《图章》，《梁实秋散文》第3集，第146-147页。

的宇宙，古代人现代人；东方人西方人的人文精神对话。读“雅舍”，每一个字似乎都沾着文化气息，而且直达“人性”的腹地。正如他自己所说：“绚烂之极归于平淡，那平不是平庸的平，那淡不是淡而无味的淡，那平淡乃是不露斧斫之痕的一种艺术韵味。”“雅舍”就像秋天里的歌，浸透着季节的灵性和收获。

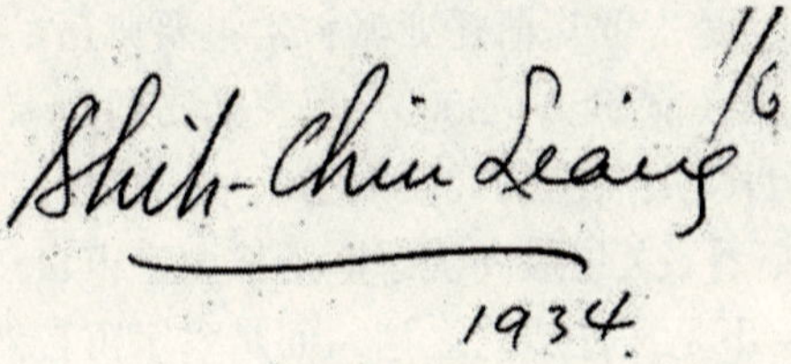

梁实秋签名

步入70岁以后，梁实秋更多的是面向自己的内心，享受自己所能享受的生活，心绪的释放带来巨大的幸福，这时的他没有了大悲大喜，没有生之无聊、死之忧虑，有的只是积极平和的心态；绝笔不涉任何论争，人们已很难把他和当年“鲁梁之争”联系起来。晚年的他执着于只争朝夕，一再表达了对志行高洁的由衷向往。他说“人到了迟暮，命在须臾，但是仍不喜欢别人预言他的大限”，他诙谐地讲述：“丘吉尔80岁过生日，一位冒失的新闻记者有意讨好地说：‘丘吉尔先生，我今天非常高兴，希望我能再来参加你的90岁的生日宴。’丘吉尔耸了一下眉毛说：‘小伙子，我看你身体满健康的，没有理由不能来参加我90岁的宴会。’”①谁都会经历各种灾和坎，不学会幽默和风趣，人就太苦了。

“雅舍”也处处充满了对爱与美的呼唤。梁实秋说：“20年前偶然在一本《读者文摘》上看到一段补白：‘每日清晨对你自己说：我将要遇到好管闲事的人，忘恩负义的人，狂妄无礼的人，

① 梁实秋：《年龄》，《梁实秋散文》第3集，第31页。

欺骗的人，嫉妒的人，骄傲的人。他们所以如此，乃是因为他们不能分辨善与恶。’这几句话很使我感动。”[①]这几句话是古罗马皇帝玛克斯·奥瑞利阿斯（121－180）所著《沉思录》里说的，这本书被梁实秋誉为平生受益最多的书之一，并尤赞玛克斯的伦理观，他说，承受命运之艰，需要极度坚忍的修持功夫。

《沉思录》是古罗马斯托亚派哲学重要典籍，该哲学派别始祖为希腊的季诺（前 350—250）。玛克斯与塞涅卡、埃皮克提图三人是这一派哲学最杰出的代表人物。他们特别注重实践，崇尚理性。据玛克斯看，人生最高理想即是按照宇宙自然之道去生活，所谓“自然”，不是任性放肆之谓，而是“宇宙自然”。人生中除了美德便无所谓善，除了罪恶之外无所谓恶。所谓美德，主要有四：一是智慧，所以辨善恶；二是公道，以便应付人事；三是勇敢，借以终止苦痛；四是节制，不为物欲所役。外界之事物，如健康与疾病，财富与贫穷，快乐与苦痛，全是些无关轻重之事，全是些供人发挥美德的场合。总之，斯托亚派哲学认为在可能范围之内须要克制自己；人是宇宙的一部分，所以对宇宙整体负有义务，要随时不忘自己的本分，致力于整体的利益。“这一位 1800 多年前的罗马皇帝与哲人，至今存在于许多人心里……这部书可以说是对全世界有巨大影响的少数几部书之一，可以称得起是爱默生所谓的‘世界的书’。”[②]

谈到生死问题，梁实秋接着又说：玛克斯反复叮咛“你的每一桩行为，每一句话，每一个念头，都要像是一个立刻就要离开人生的人所发出来的。……莫以为你还有一万年可活。你的命在须臾了。趁你还在活着，还来得及，要好好做人。”[③]

---

① 梁实秋：《玛克斯·奥瑞利阿斯——一位罗马皇帝同时是一位苦修哲学家》，原载 1961 年 11 月台北《自由青年》，收入《梁实秋散文》第 3 集，第 281—283 页。

② 同上。

③ 同上。

玛克斯哲学的一部分是宗教，他对人类有深厚的爱，他提倡爱人、合作。他说：“别人的错误行为应该由他自己去处理。”“如果他做错事，是他作孽。也许他没有做错呢？”“你因为一个人的无耻而愤怒的时候，要这样问你自己：‘那个无耻的人能不在这世界存在么？’那是不能的，不可能的事不必要求。”还有，“一切发生之事，过去如此，将来亦如此，目前到处亦皆如此。”玛克斯克己苦修，不赞同隐退，生活态度是积极人世的；他关心如何做与公共利益相符合的事，认为“修养在于内心，与环境没有多大关系”。[①]梁实秋在文中大段引用玛克斯的话，可以看出他对这位苦修哲学家由衷的倾慕。这些警句对于今天的我们，仍闻之肃然起敬，读来齿颊留芳。

同理，孔子“仁”学说，博施济众的社会关怀占有重要地位，对个体精神生活，自在、自得、畅达也是孜孜以求的。孔子曰：“莫春者，春服既成，冠者五六人，童子六七人，浴乎沂，风乎舞雩，咏而归。”（《论语·先进》）这种悠然自得的生活态度，孔子喟然叹道：“吾与点也！”表示出了极高的赞誉。因此，“咏而归”浇块垒，抒胸臆，这种“曾点气象”，与社会关怀、文化忧患和道德本位融为一体，襟怀悠然，与天地万物同流，进入一种极高的超然自修状态，与玛克斯进德修业境界接通。

梁实秋曾引用蒙田（1533－1592）的话说：“‘学习哲学即是学习如何去死。’如果了生死即是了解生死之谜，从而获致大智大勇，心地光明，无所恐惧，我相信那是可以办到的。所以我的心目中，宗教家乃是最富理想而又最重实践的哲学家。”[②]以仁爱和公正的眼光看待和接受一切，清除一切苦恼或邪恶，不让纷扰进入灵魂，自动抵制异化走向个体澄明之境。

---

① 梁实秋：《玛克斯·奥瑞利阿斯——一位罗马皇帝同时是一位苦修哲学家》，原载1961年11月台北《自由青年》，收入《梁实秋散文》第3集，第281—283页。

② 梁实秋：《了生死》，《梁实秋散文》第1集，第355页。

所谓"心远地自偏"，是指一个人在自己的灵魂深处找到清静的去处。我们读了"雅舍"中的《廉》，知道了"一个人居官清廉，哪怕是一块与之有关的顽石也会得到美誉"[①]；读《懒》、《勤》，会明白"大凡天地生人，宜清勤自持，不可懒惰。懒而不觉，何异草木！"[②]正是因为"恶劳好逸，是人之常情。人才需要鞭策自己"[③]，勤修精进。读了《沉默》，领悟到"此中有真意，欲辩已忘言"的精神境界。当怒不可遏时，《怒》中说：如果你一连 30 天没有生气，就应该向上帝献祭表示感谢，减少生气的次数就是修养的结果。如果我们正为贫穷而烦恼，《穷》会让我们知道，其实人的一生就是和穷挣扎的历史，无论胜负都是惨，能不和穷挣扎或挣扎之余有点闲工夫做些别的事，就是有福了。人们常忆过去，读了《旧》会明了：旧的事物之所以可爱，往往是因为它有内容，能唤起人们的回忆。如果不舍得酒的妙，又离不了烟的瘾，那就读《饮酒》看《吸烟》，里面劝诫，酒不能解忧，只是令人在兴奋和麻醉的过程中暂时忘怀一切；吸花钱的烟，不如吸免费的新鲜空气。如果总是易被"距离"刺伤，那就读读《旁若无人》，叔本华的"豪猪取暖"的寓言启示我们，怎样才能找到人与人彼此相安的那个距离。关于男人，女人，"雅舍"更是有话要说：女人喜欢说谎、善变、善哭、善吵，好做扬声器；男人脏、懒、馋，自私而且舌头也不短。那么，人生目的到底是什么？用亚里士多德的话说是"善"，是"幸福"，而最高的善和最美的幸福，非快乐、非名誉、非财富，而是心灵之活动，也就是合乎德行灵魂的现实活动。有德者，其意义就在于施与行的理性的行为，可贵之处乃选择了一种有意识的生活方法，并在可能的途径中选择更为恰当的目标。换言之，有德者会依照心灵的指引走向幸福的彼岸，

① 梁实秋：《廉》，《梁实秋散文》第 3 集，第 119 页。
② 梁实秋：《懒》，《梁实秋散文》第 3 集，第 68 页。
③ 梁实秋：《勤》，《梁实秋散文》第 3 集，第 152 页。

理性则是一切道德的标准，是对现实道德进行修正的标杆，理性越强敏，道德就越显著，想要追随美善，必须合乎理性地生活，遵守正确的社会秩序，理性的特征，即是面对自己正当行为及其所产生的宁静和平而怡然自得。人生若能依靠理性圆满道德，完善天性，就能得到幸福和归宿。读“雅舍”，其实是在读中国的文化，读中国的民族心灵。

在“雅舍”里，我们很少读到与之同行的时代背景、社会轨迹，看不到战争硝烟，感觉不到民族苦难以及东方与西方文明之反差，因此“雅舍”成不了号角和战鼓。文学的力量是刀剑不能比拟的，不是吗？诸如一些先哲经典话语历经千年仍然给我们以激励以美感，而杀人的屠刀却早已锈迹斑斑，钝不入土了。深入一步来看，中国传统哲学不像西方哲学，从对事物穷根究底的追问得出一个超验的形上世界，形成现实与超验两种境域的隔离，中国传统哲学采取诗化的方式来追寻生命意义，投射进文学，尤其是中国散文文体，常常充满对生死问题的体验和智慧，这样的文学审美与形上追寻不可分离，人生哲学往往也就成了一种诗化哲学。因此，我们没有必要硬拿梁实秋和鲁迅去比，梁实秋永远只是梁实秋。

康德说“要评判美，就要有一个有修养的心灵”，梁实秋常引用著名教育家亨利·纽曼（1801-1890）的话说：“绅士就是一个从不给他人招致苦痛的人”，一个真正的绅士（或曰“君子”）的品质应归结为公允、仁厚、谦和、理智、忍耐，清除妨碍别人自由的障碍，赞同配合别人的行动，谈话不乏味无聊，重视别人的尊严，讲事实，不听从和传播流言蜚语，不出风头，关注同伴，和蔼待人，驱除陌生感，宽厚对待别人过错，不使用卑鄙猥琐的手段去达到目的，不说侮辱人格的言辞或含沙射影攻击人，不用卑鄙手段占用不该得到的利益；终身接受学习和训练，以避免失误。英国有句谚语：“培养一个绅士需要三代人的努力”，梁实秋则总结说“凡是自强不息者，我辈皆能救。”仁人乐山，智者乐水，作为一个传统文化的守望者和对西方文化的传播者，梁实秋喜用“绅士风格”来表达他对生活的体悟，对生命的热爱，对艺术的追求。北宋程颐说：“学至气质变化方是有功。不学便老而衰。涵养到着落处，心清明高远。”梁漱溟也说，“人类是现有一切生物中唯一能代表宇宙生命本性向上奋进不断争取自由灵活者。从人的一点向上心是有自觉自律的行事，那便是高于循规蹈矩的真道德。”梁实秋活得洒脱、睿智、诙谐、通达；他勤于治学，俭约好德，外圆内方，永远朝气蓬勃不知老之将至。这是一位真知生活艺术，深懂人生之乐的人。从他的人生历程来看，如果说，淡泊处世的人生实践成就了他作为“君子”的内在品质，从而实现德性人生路向的话，那么，“雅舍”则体现了诗化人生的自由维度。在世事纷纭中保持高雅、淡泊，将困境趣解为乐，也许这就是人们常提及的 “雅舍精神”。

“雅舍”如友人灯下夜谈般地温馨。一个智慧的人，说出的话会给人留下无尽余味，我们读“雅舍”，惊回首，发现悟出的道理早就有人用简洁的文字告诉过我们了；当我们偶遇一些从未见过的掌故，其实早就在“雅舍”里呈现了。假若我们每一个人都生活在“雅舍”的随想篇、修养篇、饮食篇、忆旧篇里，我们一定会觉得温馨幸福。人类社会总会产生一些非凡人物，所谓非凡人物，与一般普通人在本质上其实并没有两样，只不过他们或者敢于打破流俗，坚持按照自己的意志和信念去对待生活、对待生命；或者在实践行为上能够持之以恒、死而后已，在任何情况下都不放弃自己所选定的奋斗目标；前者表现为勇气和胆识，具有反常性，后者表现为耐性和毅力，具有超常性。梁实秋称得上是位非凡人物，他永不间断地认识新天地，一生不阿世、不媚俗，按照自己的价值观念做人行事，只要是出于自愿，他都努力践行，而不大顾及周围的眼神和议论。生活中他是一位爱笑的人，笑容中透出他的乐观与真诚；也是一个勇敢的人，他能用 40 多年去坚守他的爱，也敢在 72 岁时追求自己的幸福；一个坚持的人，颠沛流离也不改完成莎翁全集翻译的宏志；不论有多少人反对，也不论谁在反对，他对文学始终怀有自己不变的坚持。

梁实秋塑像

梁实秋生前最大的愿望就是“国泰民安，家人团聚。”他去世后，台湾《中华日报》和“行政院文化建设委员会”联合设立“梁实秋文学奖”来纪念他，同时奖励台湾散文创作和翻译人才。在生命的最后几年，梁实秋明知来日无多，竟又开始了《英国文学史》的撰述。这是一部三卷本的巨著，100 多万字。配合《英国文学史》，还选编了 120 多万字的《英国文学选》。这样的工作，即使年富力强者都未必能胜任，何况他此时已是耄耋之年。1985 年 8 月，83 岁的梁实秋终于实现了愿望，庞大项目顺利实施出版。同时，“雅舍”创作在他生命最后几年，成就也是令人吃惊的，出版了《雅舍小品》（1982）第三集；《实秋杂文》（1983）；《雅舍谈吃》（1985）；《雅舍小品》（1986）四集的合订本（同年在台湾获《中国时报》文学特别贡献奖）；《雅舍散文二集》（1987）。

梁实秋的才华是多方面的，最大成就当属乐生旷达，优雅风趣的“雅舍”文集，以致被评论界誉为“雅舍现象”或“雅舍精神”。“雅舍”从重庆写到台北，历经 48 年岁月更迭，组成了无可替代的“雅舍家族”。毋庸置疑，“雅舍”是可以穿越时空的，不论什么时候翻出来阅读，都能感觉到一股愉快的震撼。梁实秋是时代流变的先觉者，即便永远到不了“金字塔”，也比任何一个他认识的“牧羊人”走得远。

第六章　结语

一切历史都是当代史。

克罗齐：《历史学的理论和实际》

黑格尔指出："历史的东西虽然存在，却是在过去存在的，如果它们和现代生活已经没有什么关联，它们就不是属于我们的，尽管我们对它们很熟悉。我们对于过去事物之所以发生兴趣，并不只是因为它们一度存在过。"[①]历史的重提是为了现实的需要，历史存在必与当今生活关联。换言之，"我们自己的民族的过去事物必须和我们现代的情况、生活存在密切关联，它们才是属于我们的。"[②]以认识论视角看，历史正是以当前的现实生活作为其参照系，"过去"只有和"当前"视域相重合的时候，才为人所理解和需要。观点的提出都是为了当时的时代需要，有鲜明的当下感；以本体论角度解读，不仅我们的思想是当前的，我们所谓历史也只存在于我们的当前，没有当前的生命，就没有过去的历史可言，也就无所谓创新。为此，意大利哲学家克罗齐提出"一切历史都是当代史"[③]的著名命题，"当代"乃是构成我们当前精神生活的一部分，"历史"是精神活动，而精神活动永远是当前的，绝不会是"死"去了的"过去"。历史是客观存在的，还历史以真实的面

① 黑格尔：《美学》第1卷，北京：商务印书馆，1982年，第346页。

② 黑格尔：《美学》第1卷，第346页。

③ 克罗齐：《历史学的理论和实际》，傅任敢译，北京：商务印书馆，1982年，第1—2页。

目，是学术研究者不可推卸的职责。

推开历史的云雾，我们今天来看梁实秋，会给我们许多启示和思考。首先，21世纪的世界正力图建设政治、社会、文化多元化的社会，提倡宽容精神，为多元化的形成提供思想资源。梁实秋既批判普罗文学，也批判国民党的文艺政策，显示出独立超然的价值取向，他从自由主义的文学观出发，主张文学的独立性和多元化，反对在文学上强调思想统一，不管是哪一种文学，不管是哪一个政党，站在一个自由主义立场上，只要谁限制了文学的发展，他都有可能反对，也因此受到左翼和右翼两派文学的抨击。梁实秋其实反对的是对文学本质认识上的偏差，他曾说，他终生信服伏尔泰的一句话就是："我不赞成你的观点，但我誓死捍卫你说话的权利。"

其次，建立市场经济体制，更需要独立精神、自由思想作为重要创新元素。梁实秋曾多次说过他是一个处在不自由时代的自由主义者。独立的意志，是作为一个人起码的尊严。对于任何一个事物，人有不同的看法，这是天经地义的事，表达自己的看法，这是作为一个人所具有的最基本的权利。中国近现代对外争取民族独立对内反封建反专制，这些历史任务，作为自由主义者特别是中国近现代知识分子引进来的自由思想，不能为这些任务提供直接有效的答案，加上西方文化与中国文化的隔膜，在那个年代很难被普遍接受。尤其"五四"新文化运动时期，社会变革和文学变革双重使命在发展，一方面要变革社会以图民族振兴，另一方面要建设新文学以图中国文学的现代化。由于中华民族的严重危机，文学的现代化建设还没有充分展开，就被淹没在社会变革和民族救亡的疾风暴雨中。梁实秋的人性观以文化自由主义者的身份表现出来，尽管他不时地讥评时政，但从未投身到实际政治中去，所以，他的理论观点对实际政治没什么影响。再则从梁实秋人性观路径看，承袭的是英美传统的社会变革思想，而在中国现代革命进程中起主导作用的是法俄思想，这两种不同的思想路径对当时中国的影响显然不同，也就是说，他所信奉的英美文化远没有马克思主义思想影响力大。到了30年代，不但新文化统一战线已经解体，阶级矛盾、民族矛盾也日益尖锐。文学生存的环境不同，自然对文学的定位就会发生变化。在这一文化语境下，梁实秋既高扬自由文学的大旗，又以古典主义的和谐均衡来节制自由，与时代发生错位，其自由主义文学观遭到反击。但是，如果我们回到纯粹的文学立场，从文学的发展规律与发展远景来看，不难发现梁实秋独特的贡献。他以人性观为主导，提倡思想自由（包括法治精神），无疑具有进步意义，这实际上也是自鸦片战争以来，中国爱国精英们一直进行的思想启蒙和政治启蒙的一部分。他的创作自由论与其他自由主义作家在精神上是一脉相承的，他从文学的现代化建设角度，在阶级斗争、民族救亡的激烈环境中，张扬创作自由，为30年代文学的多元化做出了重要的贡献。正是有梁实秋这样的人的坚守，文学才成为多色调多音部的存在，他的文学观念也成为自由主义思想的重要内容。

在《文学的永久性》一文中，梁实秋说："人性是不变的，情感是没有新旧的，文学是有永久性的，这是铁一般的事实。这事实与唯物论不合，与蒲列汗诺夫的体系不相合。可是我们究竟是对事实加以无视，以维持唯物论蒲列汗诺夫的体系呢？还是承认事实，以摧毁唯物论与蒲列汗诺夫的体系呢？这是一条歧路，陈望道先生显然是采取了一条与我们不同的道路。"①

在《文学与革命》中，他又说："所谓阶级云云，则社会有阶级之分，乃是摆在面前的事实，谁也不曾否认，而且阶级的观念也不是马克思的发明，古典经济学者无不注意其存在，但是硬说

① 1933年7月，陈望道作《文学的诸问题》对梁启超《情圣杜甫》提出异议。梁实秋写《文学的永久性》与之辩驳。后收入《偏见集》，南京：正中书局，1934年。

所有文艺作品必皆有其阶级性，某一作者必是为某一阶级服务，这不是事实。”[①]

这就是说，在梁实秋看来，从经济角度人有贫富之差别，可以把人分为几个阶级，但在人性上是没有阶级之分的，人性是普遍存在的，既然文学是以人性为表现内容，就不会有文学上的阶级之分。他认为“文学的国土是最宽泛的，在根本上，在理论上，没有国界，更没有阶级的界限。……文学就是表现这最基本的人性的艺术。无产阶级的生活的苦痛固然值得描写，但是这苦痛如其真是深刻的必定不是属于一阶级的。人生现象有许多方面都是超于阶级的”。[②]文学的奥妙，就在于它是无边界，无年代，感觉就是在写我们自己。文学对生命的传承，人类历史就有了质感，有了温度，有了活生生的东西，所以文学能够穿越种种疆域。

在文化选择方面，梁实秋既不主张全盘西化，也不主张完全回归传统，在中西之间他找到了互相沟通的契合点，从而为融会中西文化做出了现实的努力。更重要的是，他常以不合时宜的冷静，发现许多为时人所忽视所放弃的问题；对抗战八股的批评，以理性取胜，所以说他的思想与激进派形成补偏救失的作用。从这一点上看，梁实秋的观点具有认识论上的意义。

在人性问题上，梁实秋观点并不是完全孤立的，沈从文曾把作家称为“人性的治疗者”[③]，他的人性本体论及“要造希腊小庙供奉‘人性’”[④]的主张，与梁实秋人性观有异曲同工之妙。因而，对于文化传播者来讲，重要的是需要透过纷繁的事物的现象

---

① 梁实秋：《文学革命》，《新月》第1卷第4期，1928年6月；收入《偏见集》，南京：正中书局，1934年。

② 梁实秋：《文学是有阶级性的吗？》（1929），收入《偏见集》，南京：正中书局，1934年。

③ 沈从文：《给志在写作者》，《大公报》，1936年3月29日。

④ 沈从文：《废邮存底·给某教授》，文化生活出版社，1937年。

去把握背后的“真”，这才是唯一的共同追求。梁实秋人性观理论建构虽未形成完备体系，其思想与其他理念混杂在一起，这也常常是中国近现代自由学者的共性。作为一个文化自由主义者，梁实秋主要致力于文学，也兼及时政批评，这种价值选择倾向也是中国近现代自由主义的选择倾向。

人无完人，诚然，人性论是梁实秋文学批评理论的基石，他对于文学中人性的强调，对于新文学“工具论”的批判，对于新文学缺乏过硬作品的论断以及鲁迅翻译存在的问题等，都是有一定道理的。但是，梁实秋人性论为基础的文学理论也并不是完美的。

首先，他的人性论是脱离个体性抽象出来的永恒不变的普遍性，是停留在理论层面抽象化的人性论，并不涉及任何具体内容。因为涉及具体内容就会涉及具体的时代、阶级、民族等，因此，他的人性论内容是喜怒哀乐的纯形式，忽略了人性本来的丰富性、流动性和个体性。

其次，在提出共质性的人性论的同时，又同时强调人与人的差异性，这也与他新人文主义反对自然主义人性论的民主平等观念一致，他的观点于是出现了内在的自相矛盾：否定普遍概念的“人”，肯定人的个体差异性；肯定普遍的“人性”，而否定个体的人性的差异。从鲁迅反驳梁实秋的文章，也可以反观梁实秋的文学理论中存在的问题。鲁迅看到了梁实秋人性论与阶级论批评中的空虚性，即脱离社会。

其三，梁实秋因其改良立场带来“保守”观念而屡受诟病，在 20 世纪二三十年代民主革命势力与专制集权统治严重对立的情况下，他坚持改良主义立场，也势必同坚持新民主主义革命立场的共产党人、革命民主派相冲突，他反对所有暴力革命，实际上也就导致了对民主主义革命的否定；他强调新人文主义的理性和节制，与“五四”倡导的个性解放与人道主义发生龃龉；他呼吁“秩序”之重，固然情理之常，然而当社会尚处严重贫富不均，漠视或否定这一现况，出语秩序高于一切、稳定高于一切，舍此之外均为异端的这种“理性”制高点，与时代精神格格不入，故屡肇争议。他标举文学自身的独立地位，捍卫文学的独立价值，予当时主流的各种功利主义文学观以反击，然而，文学“新”与“旧”的判断，由于所处剧烈历史变动期，或应持更客观的价值评论标准，对“激进病”未免下药过猛。

最后，作为知识精英的现代性梁实秋也颇受争议，尤其入蜀和迁台后，对国家社会的参与度显得不足。《雅舍小品》固然是在抗战时期开始写作的，但是这些“与抗战无关”、“与内战亦无关”的小品，完全淹没在抗战与内战的隆隆炮火中，到1949年以后更在中国内地文坛了无声响。20世纪八九十年代，梁实秋的作品重新面世，人们惊奇地发现，梁实秋不仅是著名的文学评论家，还是一位著名的文学家，也是一位著译达千万言的文坛耆宿。他的著作达41种，英译作品28种（莎士比亚戏剧60册只算其中2种），此外还有中译英的《锦绣山河》等篇目。不但如此，人们在欣赏他漂亮的中英文的时候，发现他还是一位杜甫研究专家，同时也是一位著名的教育家，一代台湾青年就是读着梁实秋的英语教材，查着他编写的英汉与汉英词典走出国门到美国留学的。

进入20世纪80年代，中国内地开始对现代著名人士重新估价排位，胡适、徐志摩、林徽因、沈从文、钱钟书、张爱玲等都获得了重新评价，过去不提或一笔带过的著名学者或作家都获得了公正评价。不过，这些人的重要作品大都是1949年以前的。梁实秋的不同之处在于，他后半生对中国文化的重要贡献（创作、翻译、教育），并不在他大陆时期（文学批评、时政批评、文学创作）之下。从这个层面上说，对上述诸人仅是重新估价，对梁实秋而言除了重新估价，还伴随着一种重新发现。

“人性论”，在中国内地曾经是一个符号化了的贬义词，在经由二三十年代“鲁梁之争”，40 年代《讲话》对王实味、丁玲等人的批判后，“人性论”在意识形态已成为一个“宿敌”，与新中国意识形态水火不容，这个词很多时候是借梁实秋与鲁迅及左翼阵营的结怨来阐发的。然而，梁实秋人性观其实质是秉承传统儒家核心观点，与西方自然人性为特点的人性论有着本质的不同。由于“鲁梁之争”将梁实秋命名为“丧家的资本家的乏走狗”，这一“资本家”的阶级符号，使得梁实秋和他的人性观以及与他观点相似的人性论者（也可以表述为梁实秋人性观在理论上的近亲），都被打入另册。在意识形态体系形成和发展的过程中，很多与梁实秋及“人性论”相关的人、理论、作品，都被认定是以梁实秋为代表的资产阶级人性论的复辟，被视为“假、恶，丑”。在这种背景下，1953 年出版的《毛泽东选集》，正文中有这样的描述:“像鲁迅所批评的梁实秋一类人，他们虽然在口头上提出什么文艺是超阶级的，但是他们在实际上是主张资产阶级的文艺，反对无产阶级的文艺的。”

为统一读者对书中内容的理解，该选集很多地方都采用了阐释性的注释，梁实秋被注释为“是反革命的国家社会党的党员。他在长时期中宣传美国反动资产阶级的文艺思想，坚持反对革命，咒骂革命文艺。”于是，正文和注释一起将梁实秋本人和他的理论主张进行了缺席判决。毛泽东在新中国成立之初就明确指出:“出版属于上层建筑领域，它的主体部分是意识形态工作，具有阶级性和党性。”这样，被脸谱化的梁实秋在中国内地进入了一个长久“失声”期。

光阴荏苒，日月如梭，1986 年 8 月出版的《毛泽东著作选读（上下册）》，对梁实秋注释进行了修改:“新月社主要成员。先后在北京大学等校任教。曾写过一些文艺评论，长时期致力于文学翻译工作和散文的写作。鲁迅对梁实秋的批评，见《三闲集·新月社批评家的任务》、《二心集·‘硬译’与‘文学的阶级性’》等文。”这一注释，似乎只是一个简单的客观的事实描述，却意味着一个宽松的文化氛围的复兴。1991 年 6 月，修改后的《毛泽东选集》出版，新版修改幅度更大，从原文到注释都做了细致的考证，梁实秋连同周作人、张资平（1893—1959）、张道藩（1897—1968）等人都被重新定义，新注释和《选读》本基本一样，只是加上了梁实秋的生卒年；在“校订说明”中，编订者说明了注释原则是以介绍梁实秋的经历为主，并加写了“晚年写了一些思乡的文章，渴望祖国统一”[①]等文字。重勘历史这是一个艰难的调整过程，时光终于跨越偏见与空白，。

梁实秋一生经历了两次重要转型。第一次，是由浪漫多才的诗人转而成为理性的文学批评家；第二次，放弃文学批评而“豹隐”，从事散文创作和翻译。第一次转型是因为他发现自己的文学话语无法取得新文学场的合法入场券，必须通过文学批评根本性地改变新文学范式，并由此而致力于“五四”新文学场的模式推翻，重新标举话语规则。第二次转型则是在从事文学批评的十几年之后，也就是 1939 年前后，这时的中国内忧外患，文学成为新的载道工具，他的文学批评话语在这时的语境中完全失势。梁实秋后来解释自己的转型说：“我热衷过一阵文学批评，但是不久我就发现，没有文学便无所谓批评。”一句“没有文学”，可以说是对“五四”以来新文学的强烈否定。到 1938 年，他与新文学阵营已有过数度激烈论争，但从来没有像“抗战无关论”那样让他陷入四面楚歌。一篇反对用“抗战八股”来限制创作题材的“编者的话”，使他站在了“中华全国文艺界抗敌协会”的对立面，这是一个全国性的文艺界联盟，可见压力之大。梁实秋被问罪之后，遂由积极的挑战转入消极的抵抗，他要用自己的文学作品证实自

① 中共中央文献研究室编：《毛泽东选集》1—4 卷注释校订本；中央文献出版社，1991 年，第 358、359 页。

己文学理论的合法性。给他后来带来巨大声誉的《雅舍小品》即诞生于此。

开篇之作“雅舍”，这一名称看似偶然，但偶然中有必然，“雅”其实构成了《雅舍小品》系列文集的精神主旨。综观《雅舍小品》篇章，虽非字字珠玑，无论对人生还是对艺术而言，都标举了一种健康优雅的姿态，只是在时局动荡、文学功利化的历史语境中，这种以“雅”为宗显得过于“理想主义”。梁实秋非常认同“散文是作家的身份证”的说法，在所有的文类中，散文也许最直接地体现了作家气质及文学主张。在“雅舍”世界里，“雅”精神主旨表现为：人生的艺术化和雅健的文质观。人生的艺术化既表现为作者对人生的态度，又表现为作者处理文本世界与现实人生之关系的方式。前文已述，就作者对人生的态度而言，这种人生艺术化展示是因为对“理性”的推崇，在梁实秋看来，“在理性指导下的人生是健康的常态的普遍的，在这种状态下表现出的人性亦是最标准的。”

人生艺术化本身也是传统儒家文化的一个主要特点，其精神内核为“礼”。《礼记》中曰：“礼者，理也”；“夫礼者，因人之情而为之节文。”“礼”的内容实质是情理，情理之表出于体貌间者。这里所说的“礼”的本质相当于梁实秋所称赞的“以理制情”。但是，这种理性节制并不等同于强硬严苛，正如《礼记》所阐释“无声之乐，无体之礼”，这是一种温润无形或者说是寓教于乐的“节制”，这一节制表现为人生的艺术化而非僵硬规训。梁实秋的人生哲学理念并不是始自“雅舍”，在早年《骂人的艺术》（1926）一文中即已彰明。骂人无疑是人之恶举，但连骂人都可以艺术化，那么还有什么不能艺术化？《白璧德与人文主义》[①]的序言中梁

① 《白璧德与人文主义》，1929年1月由上海新月书店出版，该书由吴宓等人根据白璧德论文翻译而成；梁实秋主编并作序。

实秋写道："白璧德的学说，我以为是稳健严正，在如今这个混乱浪漫的时代是格外的有他的价值，而在目前的中国似乎更有研究的必要。……据我所看见的攻击白璧德的人，都是没有读过他的书的人，我以为这是一件极不公平的事。"[①]吴宓曾赞梁实秋："对于宣扬白璧德师之学说，尤其在新文学家群中，用白话文作宣传，梁君之功实甚大矣。"[②]

梁实秋并不仅限于对"激进"、"浪漫"的焦虑和担忧，而是理性地拓宽"传统"接通"现代"的某种深层阐释，浸透着对传统文化承流接响的现实努力，尤为重要的是，梁实秋的人性论若纳入现当代语境的视野里，他对现代中国文化建构亦提供了值得思考的学术路径，这无疑是值得追索的现代性新话题。将近一个世纪已过去，现在可以心平气和地看待胡适、梁实秋（包括"学衡派"）与鲁迅等人的论战。更重要的是，中国政治、经济、社会的发展已经再次将"学衡派"、梁实秋提过的问题摆在我们面前：中国在继续坚定地融入世界的同时，如何走出文化激进的误区，摆脱"世界大同"的虚幻时髦，在吸收、挑选、砥砺等"自我训练"之后，如何创立与现代性相适应的政治、经济、社会模式，实现真正的"文艺复兴"，这无疑更需要我们反思。进而察之，梁实秋在20世纪二三十年代提出建构"理性"与"稳健"之批评标准，植根于文学之"普遍人性"表述，文学应展示"真实的自我"，辨析"古典的"与"浪漫的"两种文学派别，以反观视角审视文学的价值，独辟蹊径地走自己的路，等等这些问题意识，这些前卫考量，不仅要有最敏锐的感受力，还要随时随地忠诚于人类的共同真、善、美目标。换言之，"人性"是基于自我觉醒、个体表现的真实人生体验，与西方以个体为本位的文化传统相呼应，形

① 梁实秋：《白璧德与人文主义》序言。在这里，梁实秋影射鲁迅曾讥讽梁实秋为"白璧德的门徒"，见鲁迅《黑暗中国的文艺界的现状》，美国《新群众》杂志，1931年。

② 吴宓：《吴宓自编年谱》，北京：三联书店，1995年，第243页。

成世界眼光，如黑格尔所说："人是靠思想站立起来的。"早在1919年陈寅恪就说过："救国经世，尤必以精神之学问（谓形而上之学）为根基"，"今人误谓中国过重虚理，专谋以功利机械之事输入，而不图精神之救药，势必至人欲横流、道义沦丧，即求其输诚爱国，且不能得。西国前史，陈迹昭著，可为比鉴也。"[①]在《诗与诗人》一文中梁实秋也说："要摒弃名利的观念，对人生有浓厚的兴趣，而又要胸怀淡泊。"[②]

综而述之，梁实秋的思脉可以归纳为：人性是基础，理性是制约，道德是目的；有了人性，理性有了内容，道德便有了依托；有了理性，人性不会变态，道德将谨守规则；有了道德，人性的方向被确定，理性的价值就有了意义。为此，"要培养正义感、同情心"。在创作上要表现得"合度"，同时又不失"有纪律的形式"。文学乃人内在情感的寄寓与审美心境的披露，人的真情至性不仅是生命意志本质和精神境界的折射，同时也是人的视野寄望；正义是无时代、无地域限制的，是永久性的，永远表现为对"弱小者的同情"。诚然，人类的竞争法注定了社会中优势群体与弱小群体的永久性对峙存在，文学家必须做到超越现实功利，达到一种终极关怀。因此，要以"纯正质朴"之心及"普遍的人性"之态，作为文学抒写的标准，抑制并消解无"节制"。

在《亚里士多德〈诗学〉》中梁实秋说："伦理乃是人性的本质，教训乃是哲学的赤裸的表现"，文学的"效用的终极，在于给我们以纯洁的平和的高尚的不悖于人性的快乐，而不是教训"。这一追求永久生命力的提倡，与传统儒家"文以载道"的文学观相去甚远。梁实秋从文学本体出发，看重文学自身的独立性，认为文学如果丧失了自身的价值，与其说是文学，还不如称为指示、广告、

① 引自《吴宓日记》第2册，北京：三联书店，1998年，第101页。

②《梁实秋文集》第1卷，厦门：鹭江出版社，2002年，第620页。

标语。事实上，梁实秋以普遍化“道德”与“规约”为基点的人性观，意味着其人生哲学和价值标尺的权衡，蕴藉着深层的问题意识和深远的启示。以我们当下的眼光审视，梁实秋并非“保守”，而是“更加现代”。他的人性观亦是对古典传统文学之“稳重”审慎凝思与深层自省的结果。世上凡是堪称经典的作品，内在必承袭独特的时代精神，必凸显作家人生经历和生命体验的多层思考，因而也最经得起时间的淘洗与沉淀。

综上所述，梁实秋不仅秉持中国传统儒家的“健全”、“尚理”内质，而且结合西方白璧德的“纪律”和“道德”，阐发了“理性”、“节制”的人文精神内涵，实际上，这也是我们今天关于本土性和现代性话题的延续。现代中国有两类不同的文化人。一类将中西文化看成异质性的不同的文化，认为中国文化是早熟的自我满足文化，与西方文化有实质性的差异。另一类认为中西文化没有本质的差异，而是大同小异。梁实秋鲜少提及文化理念，他谈及更多的是人性。相比而言，梁实秋的文化观与异质论者相悖，而更接近于同质观，即不把中西文化看成是异质文化，认为中西文化是可以互相印证的。从本质上说，梁实秋的文学观、批评观及散文创作实现了中西文化精神的深层对接。

在经济飞速发展的今天，人们的物质生活得到了极大的改善和明显的提高，随之人的精神活动也发生了重要变化。对物质的追求成为人们孜孜以求的首要目标，对财富不断攫取的渴望变得迫切，人的精神活动再次出现了严重危机。物质生活的改善并未提高人的精神境界，相反，当物质获得普遍的提高后，人们没有充分享受到富裕伴随而来的文明，现代“并发症”层出不穷，人的精神世界趋于失信、浮躁、单调、脆弱、狭隘、焦躁、无安全感之中。一切以实用为目的，一切以利益为结果，人反成为物质的奴隶。于是人们渴望重新发现一种更为普遍的认识，这并不是简单的传统主义或一味地向西方循规蹈矩，而是“有灵性、有想象力的明智判断力”的精神文明。对此，“雅舍精神”早就开出了药方：排斥掏空个人的主体性、功利主义、情感自然主义、无休止的贪婪，恪守“人的法则”、“礼仪习俗”和“尺度的法则”，对抗“物的法则”。换言之，人的幸福只有通过伦理上的节制才可能实现，用理性精神和丰富的心灵世界来超越物质和世俗的诱惑，人在物质世界面前当永远具主体性，遏制物欲追逐的心理膨胀。文学批评的本质是判断，判者乃分辨选择的工夫，断者乃等级价值之确定；常态的纯正的人性是文学批评之唯一标准，文学批评的任务乃是价值的判断，这个价值的尺度就是人类永恒的美善中心。批评家要把文学批评当作一种学问去潜心研究，在学识、思想两方面下功夫，而文学批评最重要的是要落实到作品上。质言之，思考人生和艺术要从普遍的人性去沉潜、去升华，抵制激进（西化或中化），保持文化发展的动态平衡，无可怀疑，这是一种贯通中西文化的有益考量。

梁实秋晚年由绚烂趋于平淡，在接受记者采访时他说：“一生中有四个遗憾：一、有太多的书没有读；二、与许多鸿儒没有深交，转眼那些人已成为古人；三、亏欠那些帮助过他的人的情谊；四、陆放翁‘但悲不见九州同’，现在也有同感。”[①]这些话中，我们不难感受到他的情怀和抱负。梁实秋的人生是一个“天行健，君子以自强不息”的过程。与同窗兼好友闻一多相比，二者之人生道路颇值得玩味，闻一多对政治本无兴趣，专注于学术，最终却拍案而起；梁实秋本热衷红尘，有参政之志，愈老却愈沉静。“他没有胡适名气大，没有徐志摩浪漫，没有鲁迅激愤，不像郁达夫那样落拓，也不像周作人那样悲凉。他有嬉笑怒骂皆成文章的机智，但掩饰不了时时被对手攻击的窘迫；他有绅士风度，但

---

① 梁实秋：《“岂有文章惊海内”——答丘彦明女士问》，台湾《联合文学》，1987年第3卷7期。

在颠沛流离的大背景下，生活也高贵不到哪里去。”[①]梁锡华在《一叶知秋》中这样评论道：梁实秋“有胡适先生的温厚亲切，闻一多先生的严肃认真，徐志摩先生的随和风趣”；余光中则说：“他的谈吐，风趣中不失仁蔼，谐谑中自有分寸，十足中国文人的儒雅加上西方作家的机智。”

老子曰“为而不争”，梁实秋进入中年后，有所为有所不为，他没有去做多数人热衷做的，而是避开潮流。这不仅需要智慧，还得有几分勇气，自愿放弃坐席，有甘心让潮流甩掉的自信。他追求主体本色，珍惜自己的一份个性，未加入主流大合唱，对新文学制造的“新人”神话给予了轻蔑。而后，在绝大多数人都在迎合主流时，他保持了绝对的沉默。他知道在什么时候写什么时候不写。“不写”可以保持心的纯净和生活的干净，以旷达人格安时处顺，“放”“收”自如，在走得太远和变得太快的中国文坛上，他反而以文字的雅洁简练和叙事的纯正，昭显了一种以旧为新的特征。以“历史的透视”，“采菊东篱下，悠然见南山”。亘古不变的人性，超越时代思潮的追求，尊重文学的严肃性，现在直至将来都是重要的。历史是由各种“合力”构成的，正是不同趋向的文化合力推动着文化的发展，伟大文学的诞生需要抛开时代、地域的限制，冷静的观察和理智的思考，并找寻传统文化强有力的支撑点。

梁实秋是一个勇敢的人，他能用40多年去坚守他的爱，也敢在72岁时追求自己的幸福；梁实秋是一个坚持的人，颠沛流离也不改完成莎翁全集翻译的宏志；不论有多少人反对，也不论谁在反对，他对文学始终怀有自己不变的坚持。“坚守”，“坚持”，这就是一种精神。萨特（1905—1980）有言，谁是英雄，谁是懦夫，皆非前定，是存在决定了本质。也就是说，是在进入境遇之后，

① 王国华：《我为什么要写梁实秋》，《羊城晚报》，2012年2月26日。

选择英雄即为英雄；选择懦夫即为懦夫，此即“自取之也”。自由选择绝非无所不为，它恰恰是“狷者有所不为”。正因为如此，梁实秋才能以现代人的视角，审视本土，观照旧物，回望家园。只有站在现代人的高度，才能以世界的眼光，洞察社会，反省良窳，恤悯苍生，并从世事的嬗递和时代的变迁中领悟生命的奥秘和人生的真谛。从梁实秋的作品里我们品悟到，这属于梁实秋风格。“云在青天水在瓶”，潇洒作云，恬静作水，淡泊名利，修身正道。没有梁实秋，我们将少了一些优雅和恬然，用孟子的话说：“所过者化，所存者神”（《孟子•尽心上》）。

主要参考文献

[1][美]尼布尔:《人的本性与命运》，谢秉德译，香港：基督教文艺出版社，1959.
[2][德]黑格尔:《法哲学原理》，北京：商务印书馆，1961.
[3]钱穆等:《中西文化研究专集》，台北：“国防研究院”印行，1964.
[4]梁实秋:《梁实秋论文学》，台北：时报文化事业出版有限公司，1978.
[5][意]克罗齐:《历史学的理论和实际》，傅任敢译，北京：商务印书馆，1982.
[6][德]黑格尔:《美学》，北京：商务印书馆，1982.
[7]沈松侨:《学衡派与五四时期的新文化运动》，台北：台湾大学出版委员会，1984.
[8]徐复观:《中国人性论史》，台北：商务印书馆，1984.
[9][美]菲力浦·劳顿:《生存的哲学》，胡建华等译，长沙：湖南人民出版社，1988.
[10][英]米尼克·塞克里坦:《古典主义》，艾晓明译，北京：昆仑出版社，1989.
[11][美]库利:《人类本性与社会秩序》，包凡一、王源译，北京：华夏出版社，1989.
[12]康德:《历史理性批判文集》，何兆武译，北京，商务印书馆，1991.
[13][英]维特根斯坦:《哲学研究》，汤潮、范光棣译，北京：三联书店，1992.

[14][古希腊]亚里士多德：《亚里士多德全集》，苗力田等译，北京：中国人民大学出版社，1994.
[15][德]舍勒：《爱的秩序》，林克等译，北京：三联书店，1995.
[16][英]罗素：《中国问题》，秦悦译，北京：学林出版社，1996.
[17][斯洛伐克]玛利安・高利克：《中国现代文学批评发生史》，北京：社会科学文献出版社，1997.
[18]王国维：《王国维文集》，北京：中国文史出版社，1997.
[19][德]康德：《单纯理性限度内的宗教》，李秋零译，香港：汉语基督教文化研究所，1997.
[20][美]雷纳・韦勒克：《近代文学批评史》，杨自伍译，上海译文出版社，1997.
[21]徐静波编：《梁实秋批评文集》，珠海：珠海出版社，1998.
[22]徐友渔：《自由的言说》，长春：长春出版社，1999.
[23] 冯友兰：《中国哲学史》，上海：华东师范大学出版社，2000.
[24][英]阿克顿：《自由与权力》，侯健、范亚峰译，北京：商务印书馆，2001.
[25][比]乔治・布莱：《批评意识》，郭宏安译，南宁：广西师范大学出版社，2002.
[26]梁实秋：《梁实秋文集》，厦门：鹭江出版社，2002.
[27][法]蒂博代：《六说文学批评》，赵坚译，上海：三联书店，2002.
[28][德]黑格尔：《逻辑学》北京：人民出版社，2002.
[29][古希腊]柏拉图：《柏拉图全集》，王晓朝译，北京：人民出版社，2002.
[30][英]拉曼・塞尔登编：《文学批评理论：从柏拉图到现在》，刘象愚等译，北京大学出版社，2003.
[31][美]《人文》杂志社：《人文主义：全盘反思》，北京：三联书店，2003.

[32][美]欧文·白璧德:《卢梭与浪漫主义》,孙宜学译,石家庄:河北教育出版社,2003.
[33][法]丹纳:《艺术哲学》 张伟译,北京:北京出版社,2004.
[34][英]罗素:《西方的智慧》,崔人元译,北京:世界知识出版社,2007.
[35][古罗马]马可·奥勒留:《沉思录》,何怀宏译,北京:中央编译出版社,2008.
[36][英]罗素:《西方哲学史》,何兆武、李约瑟译,北京:商务印书馆,2009.
[37]杜维明:《21 世纪儒学面临的五大挑战》,《探索与争鸣》,2011 年第 10—11 期。
[38][英]马修·阿诺德:《文化与无政府状态》,韩敏中译,北京:三联书店,2012.
[39]Irving Babbitt, Literature and American college; essays in defense of the humanities. Bostonand New York: Houghton Mifflin Company, 1908.
[40]The masters of modern French criticism, New York, 1912.
[41]The Limits of Change: essays on conservatism alternatives in Republican China, Harvard University Press, 1976.
[42]Irving Babbitt, Democracy and Leadership. Boston and New York: Houghton Mifflin Company, 1924.
[43]Criticism in Amerelica, is functions and status, Harcourt, Brace, New York, 1924.
[44]On Being Creative and other essays, Biblo and Tanner, New York, 1968.
[45]David. J. Hoeveler: The New Humanism: a Critique of Modern America, University Press of Virginia, 1977.

附：梁实秋年谱

1903 年 1 月 6 日　生于北京。

1915 年秋　考入清华学校。在该校高等科求学期间开始创作。

1920 年 9 月　《清华周刊》增刊第 6 期发表第一篇翻译小说《药商的妻》。

1921 年 5 月 28 日　《晨报》第 7 版发表第一篇散文诗《荷水池畔》。

1922 年 11 月　与闻一多合著出版《冬夜草儿评论》(自费刊印)。

1923 年 8 月　赴美国科罗拉多大学英文系留学。

1924 年秋　进入哈佛大学研究所研习，选修白璧德文学批评课。

1925 年秋　转入纽约哥伦比亚大学继续研习英美文学。

1926 年夏　回国任教于南京东南大学。

1927 年 2 月　与程季淑女士结婚，到上海《时事新报》，编辑副刊《青光》，同时与张禹九编辑《苦茶》杂志，不久任暨南大学教授；10 月与鲁迅展开文学论争；出版评论集《浪漫的与古典的》、《骂人的艺术》(新月书店)。

1928 年 3 月　与叶公超、徐志摩等创办《新月》月刊。出版《文学的纪律》(新月书店)；翻译出版英国密尔顿《阿伯拉与哀绿绮斯情书》(散文集)(新月书店)。

1929 年　编撰《白璧德与人文主义》(吴宓等所译白璧德论文)并作序。

1930 年 7 月　受杨振声之邀，到青岛大学任教，兼任外文系主任、图书馆馆长。翻译出版瑞典斯特林堡《结婚集》(短篇小说集)

（中华书局）；英国巴利《彼得潘》（小说）（商务印书馆）。

1932 年　兼天津《益世报》副刊《文学周刊》编辑；翻译出版英国哀里奥特《职工马南传》（长篇小说）（商务印书馆）。

1933 年　翻译出版罗马西塞罗《西塞罗文录》（商务印书馆）。

1934 年　应胡适之邀，任北京大学外文系研究教授兼外文系主任；出版评论集《偏见集》（台北正中书局）、《文艺批评论》、《约翰孙》（商务印书馆）。

1935 年秋　创办《自由评论》，先后主编《世界日报》副刊《学文》及《北平晨报》副刊《文艺》。

1936 年　翻译出版英国莎士比亚剧本《威尼斯商人》、《奥赛罗》、《哈姆雷特》（商务印书馆）。

1937 年　“七七事变”后离家独身到后方。

1938 年春　任国民参政会参政员；9 月任教育部中小学教科书组主任，国立编译馆翻译委员会主任委员；12 月主持《中央日报》副刊《平明》，发表《编辑的话》，引起轩然大波。

1939 年秋　在重庆北碚购置茅屋“雅舍”，拟着手散文创作。

1940 年　在《星期评论》、《世纪评论》专栏撰文。

1944 年　翻译出版《吉尔菲先生之情史》（重庆. 黄河书局）。

1945 年　翻译出版英国乔治·艾略特《情史》（重庆. 黄河书局）。

1946 年　抗战胜利后返回故乡,8 月任北京师范大学英语系教授。

1948 年冬　南下广州，在中山大学执教。

1949 年 6 月　移居台湾，任台湾师范学院（后改师范大学）英语系教授兼系主任，后兼文学院长。11 月出版散文集《雅舍小品》（台北正中书局）。

1954 年　出版《实秋自选集》（台北胜利书局）。

1955 年　翻译出版英国 E. 勃朗特《呼啸山庄》（长篇小说）（台湾商务印书馆）。

1956 年　翻译出版英国奥威尔《百兽图》（台北正中书局）。

1958 年　出版散文《谈徐志摩》（台湾远东图书公司）。

1961 年起　专任台湾师范大学英语研究所教授；出版《梁实秋选集》（台北新陆出版社）。

1962 年　出版散文《清华八年》（台湾. 重光）。

1963 年　出版《秋室杂文》（台北文星书店）。

1964 年　出版散文《文学因缘》（台北文星书店）。

1966 年　退休。游美探亲，在美台两地轮流居住。

1967 年　完成翻译《莎士比亚戏剧集 20 种》（台北文星书店）；出版散文《谈闻一多》（传记文学）。

1969 年　出版散文《秋室杂忆》（传记文学）。

1970 年　出版《略谈中西文化》（台北进学书局）；《实秋杂文》（台. 仙人掌）；《关于鲁迅》（台北爱眉出版社）。

1971 年　出版《实秋文存》（台. 蓝灯）。

1972 年　与妻移居美国西雅图；出版散文《西雅图杂记》（台. 远东）。

1973 年　出版《雅舍小品续集》（台北正中书局）。

1974 年　妻子意外身亡后重返台湾；出版散文《看云集》（台. 志文）；《槐园梦忆》（台. 远东）。

1975 年 5 月　同韩菁清女士结婚。

1977 年　出版编辑书目《梁实秋自选集》（黎明）；主编《远东英汉大词典》（台. 远东）。

1978 年　出版《梁实秋论文学》（时报）、《梁实秋札记》（时报）。

1980 年　出版散文《白猫王子及其他》（台. 九歌）。

1982 年　出版《雅舍小品》（3、4 集）1982—1986（台北正中书局）。

1983 年　出版《雅舍杂文》（台北正中书局）。

1985 年 1 月　出版《雅舍谈吃》，8 月出版《英国文学史》、《英国文学选》（台北协志工业丛书出版公司）；出版翻译诗文集《雅舍译丛》（台. 皇冠）。

1986年5月　出版《雅舍小品》四集合订本；11月获《中国时报》文学特别贡献奖；出版译作《莎士比亚全集》(戏剧37集、诗3集)（台.远东）。

1987年7月　出版《雅舍散文一集》。

1987年11月3日　病逝于台北。

后记

20 世纪 90 年代初，刚来京求学的我在一个夏日傍晚走进了校园书店，看见书架上陈列着一套新书:《梁实秋散文集》(四集)。那时，我对梁实秋先生毫不了解。打开书翻了几页，觉得眼前一亮！爱书的人，见了好书是舍不得放手的，于是便全部买了下来。

正如罗曼·罗兰所言："读书，就像迎着朝阳走路。"一本好书，即使你远在千万里之外，即使你生在另一个时代，它也如恒久的星光，穿过遥远的距离，照亮你的眼底。读好书，有如探访著书的先贤，同他们促膝谈心，而且是一种精湛的交谈，合上书，梁实秋先生给我留下的印象是什么呢？一个爱笑的人，笑容中透出他的乐观与真诚；一个勇敢的人，他能用 40 多年去坚守他的爱，也敢在 72 岁高龄追求自己的幸福；一个坚持的人，颠沛流离也不改完成莎翁全集翻译的宏志；不论有多少人反对，也不论谁在反对，他对文学的理念始终怀有自己不变的坚持。于是，我想知道梁实秋先生的全部，想了解他的一生，包括与他关联的同时代的一切。

当时忙学业又苦于奔命生存，一年搬几次家的我无法坐下来专注研究。多年后，读博士期间研究论题涉及许多"五四"作家，想把梁实秋先生也加入研究论题中，可是由于文不对题，也只好放弃。机缘凑巧，天遂人愿，机会终于降临，博士后期间，我得以抛开所有现实烦恼，着手实现这一夙愿。为梁实秋的人性观和人生智慧的深度所吸引，我全力投入写这样一部学术著作的艰辛劳作之中。经过无数昼夜，数易其稿，终于杀青付梓。

在本书出版之际，首先要感谢著名学者、我的博士后导师白奚先生，他为我迈入高端学术台阶付出了许多辛劳，我对恩师给予我的信任和无私的帮助及敬业精神深怀感激之情！

还要感谢同学王钟琴慷慨无私地提供的不同形式的帮助，令我在困难之际备感温馨；感谢同学辛珉的人生经验，丰富和升华了我的学术思路！

华山先生是我二十多年来在崎岖道路上艰难前行的见证人，由衷感谢他多年来的真诚相助！

最后还要感谢我先生的关怀和呵护，他的支持和鼓励，使我得以顺利完成学业，并完成本书的写作。

本书在撰写过程中，参考了许多前人著述，篇幅所限，未便一一列出，在此谨表谢意！由于作者水平所限，书中错误难免，敬请读者批评指正。

孙　翀

2014.5.22·北京